JN074212

圏論によるトポロジー

Topology:
A Categorical Approach

Tai-Danae Bradley,
Tyler Bryson,
John Terilla
原著

小森洋平
訳

森北出版

TOPOLOGY

by Tai-Danae Bradley, Tyler Bryson and John Terilla

Copyright © 2020 Massachusetts Institute of Technology

Japanese translation published by arrangement with The MIT Press
through The English Agency (Japan) Ltd.

●本書の補足情報・正誤表を公開する場合があります．当社 Web サイト（下記）
で本書を検索し，書籍ページをご確認ください．

https://www.morikita.co.jp/

●本書の内容に関するご質問は下記のメールアドレスまでお願いします．なお，
電話でのご質問には応じかねますので，あらかじめご了承ください．

editor@morikita.co.jp

●本書により得られた情報の使用から生じるいかなる損害についても，当社およ
び本書の著者は責任を負わないものとします．

まえがき

　大学院でトポロジーの講義をする際，位相空間論は簡単に済ませて，代数的トポロジーの話題を中心に話したくなるものだ．そちらのほうが教える側にとっても楽しいし，今日の学生にとっても有意義である．位相空間論に関する考え方の多くは，すでに実解析や学部の位相空間論の入門講義で馴染みがあるので，省略しても大丈夫な気がする．また，馴染みはないが分野によっては大事な位相の話題，たとえば代数幾何学におけるザリスキー位相や整数論における p 進位相などは，その話題に出会った際に学べばよい．

　位相空間論を急ぎ足で復習する代わりに，より現代的な圏論の視点から位相空間論を見直すという手段も考えられる．その学び方のほうが以下に述べるいくつかの理由から優れていると思う．すでに多くの大学院生は集合論に馴染みがあるので，普遍性による特徴づけなどの新しい考え方を，位相空間論を通じて学ぶ準備ができている．さらに，古めかしい空間理解の仕方をその名前が示している位相空間論を，圏論的手法で扱うことで，その手法の汎用性と威力が明らかになる．位相空間の圏自身はそれほどよい圏ではないが，それによって位相とほかの対象の有意義な違いがイメージでき，なぜ（コンパクト生成弱ハウスドルフ空間のような）ある種の位相空間が特別よい振る舞いをするのかがわかる．最後の理由として，位相空間論は大学院1年目のトポロジーのコースと学位試験の科目であるという実情がある[†]．理解を深め，現代数学における将来の研究の確固たる基礎を固められるよう位相空間論を教えることは，素晴らしい代替手段である．

　このテキストは，位相空間論の初歩を圏論の視点から説明するための厳選された素材から成る．Ronnie Brown (2006) といくつか同じ話題を扱っているが，この本の見方は最初からより圏論的である．結果として，範囲は狭くなっているが，より

---

† 訳注：アメリカの大学院の話.

汎用性が高くなっている．読者は線形代数をよく理解していて，群を正規部分群で割って商群を構成する程度の抽象代数は知っているものと仮定する．また，本書の後半には集合間の矢印の操作に終始することになるので，読者は集合とその元についての基本的な知識をもっておくべきである．図式や矢印にこの本で初めて出会う読者は，馴染みのある対象を新しい視点から説明している第 0 章「準備」を読むのに少し時間がかかるかもしれない．

　被覆空間，ホモロジー，コホモロジーといった話題はこのテキストに登場しないが，最後まで読み通せば，代数的トポロジーについてより深く学ぶ準備ができるだろう．省略した話題については，この本を読んだ後に手に取るであろう Massey (1991)，Rotman (1998), May (1999), Hatcher (2002), tom Dieck (2008) などに載っている．大学院の学位プログラムの第 1 セメスターのトポロジーでは，たいていは曲面の分類を扱う．曲面の分類定理はこのテキストには載っていないが，授業の中でこの話題に触れたいという講義担当者もいるかもしれない．その場合は，コンウェイ（Conway）の ZIP 証明か Massey (1991) の証明がお薦めである．

　この本は，普遍的性質を強調した位相的構成の詳細な説明，フィルターによる収束の扱い，極限，余極限，随伴に重点を置き，また，早い段階からホモトピーに重点を置いている．それにより，この本は，トポロジーを学ぶ学生のガイドとなってくれる．すなわち，解析と位相空間論のしっかりした基礎知識のある学部生を，現代数学の問題に取り組む備えができた大学院生へと導いてくれる．

訳者まえがき

　大学初年度の数学の講義では，最初に集合と写像の定義をして，その後習う微積分や線形代数などの大学数学はすべて集合と写像の言葉で語られる．集合とはある条件を満たす元の集まりで，集合 X から集合 Y への写像 $f : X \to Y$ とは，X のどんな元 x にも Y の元 $f(x)$ を一つだけ対応させる規則であると習う．多くの場合，集合には何か構造が付加されていて，その構造を保つ写像をもっぱら考える．たとえば群の場合，集合 G に群の公理を満たす二項演算 $\cdot : G \times G \to G$ が定義されていて，群 G_1 から群 G_2 への準同型写像 $\varphi : G_1 \to G_2$ とは二項演算 $\cdot$ を保つ，すなわち $\varphi(g \cdot h) = \varphi(g) \cdot \varphi(h)$ を満たす写像である，など．しばしば教科書の定理の冒頭で「G を群とする」という文が出てくるが，その際に G がどんな群かを具体的に思い浮かべることは稀であろう．どこかに「群たちの住む世界」があって，そこの住人は群で，群から別の群に準同型写像が出るくらいのイメージをもちながら，定理の続きを読み進めるのではないだろうか．まさに圏とは，そのようにある性質を満たす対象たちと，対象から別の対象への射からなる世界のことである．圏論では各対象がどんな元から構成されているかを考えたり，各射を元の移り方で特徴づけたりはしない．

　それでは圏論において各対象ごとの違いはどのように認識されるのか，それを的確に表しているのが，米田の補題から導かれる「対象はほかの対象との関係で完全に決まる」という考え方である．本書では，まず第 0 章においてこの考え方を紹介し，続く章で位相空間を例に挙げてこの考え方を説明している．たとえば位相空間 X の部分空間 Y を定義する際，学部の位相空間の講義だと，X の位相 $\mathcal{T}_X$ から定まる Y の相対位相 $\mathcal{T}_Y$ を集合族として定義する．そして，任意の位相空間 Z から部分空間 Y への連続写像 $f : Z \to Y$ と包含写像 $i : Y \to X$ の合成写像 $if : Z \to X$ が連続になることを示す，というのが一般的な流れであろう．しかし本書では，任意の位相空間 Z から位相空間 Y への写像 $f : Z \to Y$ が連続になることと，f と包含写

像 $i: Y \to X$ との合成写像 $if: Z \to X$ が連続になることが同値になるような X の部分集合 Y の位相は相対位相であることを示す．つまり，部分空間を別の位相空間との関係で完全に決定しているわけである．

このような対象の認識の仕方を「普遍性」による特徴づけという．圏論における普遍性の登場場面として「表現可能関手，極限，随伴」が挙げられるが，本書ではまず表現可能関手に関する米田の補題を紹介している．そして，学部の位相空間論で習う連結性やコンパクト性やハウスドルフ性といった位相的性質を説明しながら，それらの性質が部分空間，商空間，積空間，余積空間という四つの位相空間の作り方でどのように伝わるかを見ていく．これら四つの位相空間の作り方は，圏論における引き戻し，押し出し，積，余積に対応していて，普遍性で語られる極限や余極限の典型例である．

本書の後半は随伴がテーマとなる．2 変数関数 $y = f(x, z)$ を，x から y への 1 変数関数にパラメータ z がついている $y = f_z(x) = f(x, z)$ と思うことは，随伴の代表的な例である「積-hom 随伴」$\mathbf{Top}(X \times Z, Y) \cong \mathbf{Top}(Z, \mathbf{Top}(X, Y))$ を表している．ここで，X から Y への写像空間 $\mathbf{Top}(X, Y)$ にどのような位相を考えるべきかという話題でコンパクト開位相が現れる．また，「対象はほかの対象との関係で完全に決まる」という圏論の考え方から，単位閉区間 $I = [0, 1]$ や単位円周 S^1 からの位相空間 X への写像空間が考察の対象となり，パス空間やループ空間などの X 上のファイブレーションやホモトピーの話題が登場する．

以上のように位相空間の圏を材料として，圏論における普遍性の三つのテーマ「表現可能関手，極限，随伴」を順番に見ていき，ファイブレーションやホモトピーというトポロジーの話題を自然に導き出しているのが本書の特徴である．また，フィルターの収束や，チコノフの定理と選択公理の同値性や，ブラウワーの不動点定理など，学部の位相空間論の講義ではあまり扱わないような話題にも触れている．一方，モナドやモデル圏など圏論の進んだ話題にも，将来読者の関心が向くよう配慮されている．

このように圏論とトポロジーの両分野にわたって話が展開していくため，翻訳の作業は容易ではなかった．本書を翻訳するにあたり，特に次の本を参照した．

- 「ベーシック圏論」T. レンスター 著，斎藤恭司 監修，土岡俊介 訳，丸善出版
- 「ファイバー束とホモトピー」玉木大 著，森北出版

また，専門用語の和訳について，京都大学の木坂正史氏と一橋大学の川平友規氏に相

談に乗っていただいた．原著に関する質問について，著者の 1 人である John Terilla 教授に丁寧に答えていただいた．

　圏論はいま流行のようである．集合と写像を数学を語る唯一の言語としている限り，圏論は鳥の目をもって理論全体を鳥瞰するための道具にすぎず，実際に個別の問題を解くにはこれまでのように集合から元を取り出し，蛙の目でじっと対象を観察するしかないようにも思われる．しかし，数直線は実数が隙間なく詰まっている集合とは見えていない現実に合わせて，普遍性のようなほかの対象との関係で数学が語られる時代が今後訪れるかもしれない．本書はそのときまでの過渡期の産物のような気がする．

　最後に，私が 3 年前に大学院で圏論の入門講義をしたことをインターネットで知り，本書の翻訳依頼のメールを下さった森北出版の福島崇史氏に，圏論の門外漢である私を見つけてくださったお礼を申し上げたい．実際の編集作業は森北出版の上村紗帆氏にしていただいた．締切を守ること優先で原稿は随分と拙い表現の訳文ばかりだったが，初校，再校と文章が日本語として整ってくるたびに，よい本を作って世に出したいという上村氏の仕事への熱意を感じた．上村氏とはメールや Zoom でのやりとりが主だったが，短い期間で中身の濃い共同作業ができたことに感謝している．

2023 年 3 月

　　　　　　　　　　　　　　　　　　　　　　　　　　　訳　　　者

目　次

第0章 準備

Preliminaries

> 集合論は同型で不変な構造に基づくべきであり，ツェルメロ−フレンケルの集合論のような所属関係に基づくべきではない．
> ──ウィリアム・ローヴェア（William Lawvere）（Freitas, 2007）

はじめに　数学の教科書の最初の章は，集合論の基本的な概念の復習から始めるのが伝統的である．この章では，集合自身の内部構造からほかの集合との関係へと興味をシフトした，圏論の基本的な概念の紹介から始める．数学的対象そのものの内部より，ほかの対象との相互関係に注目するという考え方は現代数学では基本的であり，圏論はこの視点から研究するための枠組みを与える．第0章では圏論という現代流の視点から，われわれが慣れ親しんできた写像や集合や位相空間を取り上げていく．とりわけ圏論は，1940年代ごろのサミュエル・アイレンバーグ（Samuel Eilenberg）とソーンダース・マックレーン（Saunders MacLane）によるトポロジーの研究に端を発している（Eilenberg and MacLane, 1945）．

　この章の内容は以下の三つに分けられている．0.1節では，位相空間，開基，連続写像についての簡単な復習から始める．位相空間と連続写像に関するいくつかの特徴に基づき，0.2節では圏論における三つの基本的な概念である，圏，関手，自然変換を紹介する．そしてこの節では，数学的対象を学ぶことは，ほかの対象との関係を学ぶことにほかならないという圏論の主な考え方に光を当てる．0.2節から始まるその考え方を縦糸として，この本の残りのページが織り綴られてゆく．その微かな糸を見逃さないようにしてほしい．そして0.3節では，集合論の基礎で馴染みのある考え方を，圏論の視点から再訪する．

0.1　位相空間論の基礎

定義 0.1　**位相空間**（topological space）$(X, \mathcal{T})$ とは，集合 X と以下の性質を満たす X の部分集合族 $\mathcal{T}$ の組のことである.

(i) 空集合 $\emptyset$ と X は $\mathcal{T}$ に属する.

(ii) $\mathcal{T}$ の元の和集合は $\mathcal{T}$ に属する.

(iii) $\mathcal{T}$ の元の有限個の共通集合は $\mathcal{T}$ に属する.

集合族 $\mathcal{T}$ を X の**位相**（topology）といい，位相がすでに与えられているときは，$(X, \mathcal{T})$ を X と略記したりする. 位相空間 X を単に**空間**（space）ということもある. $\mathcal{T}$ の元のことを**開集合**（open set）といい，補集合が開集合である集合を**閉集合**（closed set）という.

■**例 0.1**　X を任意の集合とする. X の部分集合の全体 2^X は X の位相になり，これを**離散位相**（discrete topology）という. また，$\{\emptyset, X\}$ も X の位相になる. これを**密着位相**（indiscrete topology）や**自明な位相**（trivial topology）という.■

同じ集合に定義された二つの位相が比較可能な場合がある. $\mathcal{T} \subset \mathcal{T}'$ のとき，$\mathcal{T}$ は $\mathcal{T}'$ より**粗い**（coarser）**位相**といったり，$\mathcal{T}'$ は $\mathcal{T}$ より**細かい**（finer）**位相**といったりする. 粗いや細かいではなく，「小さいや大きい」とか「弱い（weaker）や強い（stronger）」という人もいる. たとえば，コーヒー豆を挽いてコーヒーを淹れる，という例えで考えるとわかりやすい. 粗く挽いたコーヒーの粉には砕けたコーヒー豆の塊が「少量」でき，細かく挽くと微細なコーヒーの粉末が「大量に」できあがる. 粗く挽くと「薄めの（weaker）」コーヒーができ，細かく挽くと「濃いめの（stronger）」コーヒーができあがる.

位相そのものを扱うよりも，位相を生成する数少ない開集合の集まりを扱うほうが，実際のところ簡単なことがある.

定義 0.2　集合 X の部分集合族 $\mathcal{B}$ が X の**開基**（basis）であるとは，次を満たすことである.

(i) 任意の点 $x \in X$ に対し，$B \in \mathcal{B}$ が存在して $x \in B$ を満たす.

(ii) $A, B \in \mathcal{B}$ と $x \in A \cap B$ に対し，少なくとも一つ $C \in \mathcal{B}$ が存在して $x \in C \subset$

| $A \cap B$ を満たす.

開基 $\mathcal{B}$ が生成する位相 $\mathcal{T}$ とは，$\mathcal{B}$ を含む最弱位相のことである．つまり，$U \subset X$ が開基 $\mathcal{B}$ が生成する位相 $\mathcal{T}$ で開集合であるとは，任意の点 $x \in U$ に対し，$B \in \mathcal{B}$ が存在して $x \in B \subset U$ を満たすことである．

$x \in B$ を満たす $B \in \mathcal{B}$ の全体を x **の基本開近傍**（basic open neighborhood）という．より一般に，任意の位相 $\mathcal{T}$ において x を含む $U \in \mathcal{T}$ を**開近傍**（open neighborhood）といい，その全体を $\mathcal{T}_x$ で表す．

■**例 0.2　距離空間**（metric space）(X, d) とは，集合 X と次を満たす関数 $d:$ $X \times X \to \mathbb{R}$ の組のことである．

- すべての $x, y \in X$ について，$d(x, y) \geq 0$
- すべての $x, y \in X$ について，$d(x, y) = d(y, x)$
- すべての $x, y, z \in X$ について，$d(x, y) + d(y, z) \geq d(x, z)$
- すべての $x, y \in X$ について，$d(x, y) = 0$ と $x = y$ は同値. ■

関数 d を**距離**（metric）または**距離関数**（distance function）という．(X, d) を距離空間とし，$x \in X$，$r > 0$ に対し，中心 x，半径 r の球を

$$B(x, r) = \{y \in X \mid d(x, y) < r\}$$

と定義する．このとき $\{B(x, r)\}$ は X の開基になり，**距離位相**（metric topology）を定める．よって，任意の距離空間は位相空間になる．一方，位相空間 $(Y, \mathcal{T})$ において，Y の距離関数 d が存在して距離位相が $\mathcal{T}$ に一致するとき，Y を**距離づけ可能**（metrizable）という．

距離空間の部分集合も距離空間である．特に $\mathbb{R}^n$ は通常のユークリッド距離関数に関して距離空間なので，$\mathbb{R}^n$ の部分集合は多くの位相空間の例を与える．たとえば，以下はすべて重要な位相空間である．

- 実数直線 $\mathbb{R}$
- 単位閉区間 $I := [0, 1]$
- 閉単位球 $D^n := \{(x_1, \ldots, x_n) \in \mathbb{R}^n \mid x_1^2 + \cdots + x_n^2 \leq 1\}$
- n 次元球面 $S^n := \{(x_1, \ldots, x_{n+1}) \in \mathbb{R}^{n+1} \mid x_1^2 + \cdots + x_{n+1}^2 = 1\}$

第1章でより多くの位相空間の例を見る．また，重要な性質については第2章で扱う．空間どうしがどのように関係するかを調べるのは，情報を集める一つの方法である．次のようなそれぞれの空間の開集合の相互作用によって定義される写像を用いることで，空間どうしの関係はもっともよく理解される．

定義 0.3　位相空間の間の写像 $f: X \to Y$ が**連続**（continuous）であるとは，Y の任意の開集合 U について，$f^{-1}U$ が X の開集合になることである．

任意の位相空間 X の恒等写像 $\mathrm{id}_X: X \to X$ が連続であることは，簡単に確かめられる．また，三つの位相空間 X, Y, Z と二つの連続写像 $f: X \to Y$ と $g: Y \to Z$ に対し，それらの合成写像 $gf := g \circ f: X \to Z$ も連続で，さらに合成は結合的である．一見すると，これらは些細なことのように映るかもしれない．しかしそうではない．単なる決まり事のような上記の手順は，位相空間と連続写像が圏を成すことを意味している．

0.2　圏論の基礎

この節では，いくつか例を挙げながら，圏の形式的な定義を与える．

0.2.1　圏

定義 0.4　**圏**（category）**C** とは，以下のデータから成る．

- (i) **対象**（object）のクラス．
- (ii) 任意の二つの対象に対する集合[†] $\mathbf{C}(X, Y)$．その元を**射**（morphism）といい，$f: X \to Y$ のように矢印で表す．
- (iii) 射どうしの**合成**（composition）規則．すなわち，$f: X \to Y$ と $g: Y \to Z$ に対し，射 $gf: X \to Z$ が存在する．

これらのデータは次の二つの条件を満たす．

[†]　本によっては X から Y への射全体の集合を $\hom_{\mathbf{C}}(X, Y)$ と書いたり，圏 **C** が明らかな場合は簡単に $\hom(X, Y)$ と書いたりする．毎回添字を探すのは面倒なので，**C** を下つきの添字にするよりは，$\mathbf{C}(X, Y)$ と左端に書くことを勧める．また，著者ごとに圏の定義が異なる．本書では二つの対象の間の射全体が集合になることを要請する．この条件は**局所小**（locally small）という名前で知られている．著者によっては，二つの対象の間の射全体が集合より大きなクラスになることを許す場合もある．

> (i) 合成は結合的である．つまり，$h: X \to Y$, $g: Y \to Z$, $f: Z \to W$ に対し，$f(gh) = (fg)h$ が成り立つ．
>
> (ii) 恒等射が存在する．つまり，任意の対象 X に対し，射 $\mathrm{id}_X : X \to X$ が存在し，X から Y への射 f に対し，$f\mathrm{id}_X = f = \mathrm{id}_Y f$ が成り立つ．よく知られているように，恒等射は一意的である．実際，$\mathrm{id}'_X : X \to X$ も恒等射とすると，$\mathrm{id}'_X = \mathrm{id}'_X \mathrm{id}_X = \mathrm{id}_X$ となる．

結合法則は可換図式でも説明することができる．**図式**（diagram）は射が辺で対象が頂点である有向グラフとみなせるが，第4章でより圏論的な定義を与える．図式が**可換**（commutative）であるとは，始点と終点が同じ経路は同じとなることである．たとえば，$h: X \to Y$ と $g: Y \to Z$ に対し，次の可換図式が存在する．

そして $f: Z \to W$ を第3の射とすると，「合成は結合的である」，すなわち $f(gh) = (fg)h$ とは，次の図式が可換であることと同値である．

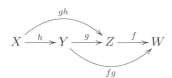

つまり，図式とは射の合成を視覚化したものである．また，可換図式は射の合成の等式を視覚化したものである．読み進めるうちに多くの例に出会うだろう．さて，位相空間と連続写像が圏を成すことはすでにいった．ここでは圏の別の例を挙げよう．

■例 0.3　体 $\mathbf{k}$ を固定すると，対象が $\mathbf{k}$ 上のベクトル空間で，射が線形写像である圏 $\mathbf{Vect_k}$ が存在する．この主張を確かめるため，$T: V \to W$ と $S: W \to U$ を線形写像とする．このとき任意の $v, v' \in V$ と $k \in \mathbf{k}$ に対し，

$$ST(kv + v') = S(kTv + Tv') = kSTv + STv'$$

より $ST: V \to U$ も線形写像になる．写像の合成は常に結合的なので，線形写像の合成も結合的である．さらに任意の線形空間における恒等写像も線形写像である．

より一般に，環 R 上の加群と R 加群の準同型は圏 $R\mathbf{Mod}$ を成す． ■

　さらにいくつか例を挙げよう．圏になることの確認は，各自で行ってほしい．

- **Set**：対象は集合で，射は写像で，合成は写像の合成．
- **Set**$_*$：対象は集合 S とその一つの元の対とする（このような集合を**基点付き集合**（pointed set）という）．射 $f : S \to T$ は写像で $fs_0 = t_0$ を満たすとする．ここで s_0 は S の基点で，t_0 は T の基点である（このような写像を基点を「保存する」という）．合成は写像の合成とする．
- **Top**：対象は位相空間で，射は連続写像で，合成は写像の合成．
- **Top**$_*$：対象は位相空間とその一つの元の対とする．この点を基点という（そのような空間を**基点付き空間**（based space）という）．射は基点を基点に移す連続写像で，合成は写像の合成とする．
- **hTop**：対象は位相空間で，射は連続写像のホモトピー類で，合成は写像のホモトピー類の合成の対とする．ホモトピーは 1.6 節で扱う．
- **Grp**：対象は群で，射は群の準同型で，合成は準同型の合成．
- 任意の群 G は圏とみなせる．対象はただ一つの ● で，群の元 g ごとに射 $g : \bullet \to \bullet$ を考え，二つの射 f と g の合成は群の元 gf に対応する．
- 有向多重グラフは圏を定める．対象は頂点で，射は有限個の向きづけられた辺のつながりである有向経路である[†]．たとえば，有向グラフ

は例 4.1 で登場する圏を表している．グラフに恒等射や合成を書き加えたくなるかもしれない．混乱を避けるため，書き加えてもいいとだけいっておこう，ここではもちろん書き加えていないが．この例において ● で匿名の対象を表している．よって，断らない限り，● どうしは相異なる対象を表すとする．
- 任意の圏 $\mathbf{C}$ に対し，反対圏（oppsite category）$\mathbf{C}^{\mathrm{op}}$ とは，対象は $\mathbf{C}$ と同じだが，射の向きが $\mathbf{C}$ と反対のものである．$\mathbf{C}^{\mathrm{op}}$ での射の合成は $\mathbf{C}$ での射の合成と同じなので，$\mathbf{C}^{\mathrm{op}}(X, Y) = \mathbf{C}(Y, X)$ である．合成がうまくいくことを確かめるために，$f \in \mathbf{C}^{\mathrm{op}}(X, Y)$ と $g \in \mathbf{C}^{\mathrm{op}}(Y, Z)$，つまり $f : Y \to X$ と $g : Z \to Y$ を考える．すると，$fg : Z \to X$ より，$fg \in \mathbf{C}^{\mathrm{op}}(X, Z)$ となる．

---

† 各対象からそれ自身への長さ 0 の唯一の経路も含む．

　昔からある疑問「二つの対象はどのようなとき本質的に同じになるか」を議論するには，圏論は絶好の舞台である．特別な関係である「同じである」という概念は，対象どうしの間に同型とよばれる特別な射があることを意味する．同じであることをどのように語るかは圏論の中心的な話題である．次のヴィトゲンシュタイン（Wittgenstein）の言葉 (1922) は，圏論の対象にあてはめると完全に間違っている．

> 荒っぽくいって，二つの物が同一視されるというのはナンセンスだし，一つの物が自身と同一視されるというのはまったく意味がない．

定義 0.5　X と Y を圏の対象とし，$f : X \to Y$ とする．

(i) f は**左可逆**（left invertible）であるとは，射 $g : Y \to X$ が存在して $gf = \mathrm{id}_X$ を満たすことをいう．g を f の**左逆射**（left inverse）という．

(ii) f は**右可逆**（right invertible）であるとは，射 $h : Y \to X$ が存在して $fh = \mathrm{id}_Y$ を満たすことをいう．h を f の**右逆射**（right inverse）という．
　f が左逆射 g も右逆射 h ももつとすると，

$$g = g\,\mathrm{id}_Y = gfh = \mathrm{id}_X h = h$$

となり，$g = h$ を f の**逆射**（inverse）という（f に逆射があれば一意的であることを確かめてほしい）．よって，

(iii) f が可逆つまり左可逆かつ右可逆であるとき，f は**同型**（isomorphism）という．二つの対象 X と Y が**同型である**（isomorphic）とは，同型 $f : X \to Y$ が存在することであり，$X \cong Y$ と書く．

「同型である」ことは同値関係である，つまり反射律，対称律，推移律を満たす．よって，同型な対象全体は同値類を成す．圏によっては同型と同型類に特別な名前をつけている．たとえば，以下のようなものがある．

- **Set** における同型は**全単射**（bijection）とよばれる．そして，同型な対象どうしは同じ**濃度**（cardinality）をもつといわれる．**濃度**（cardinal）とは集合の同型類のことである．
- **Top** における同型は**同相**（homeomorphism）とよばれる．そして，同型な対象どうしは**同相である**（homeomorphic）という．
- **hTop** における同型はホモトピー同値とよばれる．そして，同型な対象どうし

はホモトピックであるといわれる（ホモトピーについては 1.6 節で議論する）.

　数学では，考えている圏において同型で保存される性質を特に考察する．たとえば，トポロジーは本質的には同相で保たれる性質を研究する分野である．そのような性質は位相的性質とよばれ，空間を区別する．つまり，X と Y が同相であるとき，X がある位相的性質をもつ（またはもたない）ならば Y もそれをもつ（またはもたない）.

■**例 0.4**　位相空間の濃度は位相的性質である．任意の同相 $f: X \to Y$ は全単射なので，X と Y は集合レベルで同じ濃度をもつからである．距離づけ可能性も位相的性質である．連結性（2.1 節），コンパクト性（2.3 節），ハウスドルフ性（2.2 節），第一可算性（3.2 節）なども位相的性質で，後の節でそれぞれ扱う.　　　　■

　しかし，すべての慣れ親しんだ性質が位相的性質というわけではない.

■**例 0.5**　距離空間が**完備**（complete）であるとは，任意のコーシー列が収束することである．完備な距離空間という性質は位相的性質ではない．たとえば，写像 $(-1, 1) \to \mathbb{R}$ を $x \mapsto x/(1 - x^2)$ と定義すると同相だが，$\mathbb{R}$ は完備で $(-1, 1)$ は完備ではない．この例から，有界性も位相的性質ではないことがわかる．距離空間が有界（bounded）とは，距離関数が有界関数であることである．明らかに $(-1, 1)$ は有界だが $\mathbb{R}$ は有界ではない.　　　　■

　対象 X をほかの対象と比べることで，X のことがよりよくわかる場合がある．この考えをさらに進めて，X とほかのすべての対象を一斉に比較してもよい．別の言い方をすれば，X からのすべての射と X へのすべて射から，X について多くの情報を得ることができる．これが以下に示す定理 0.1 の内容である．つまり対象の同型類は，その対象からの射，またはその対象への射で完全に決まる．これは圏論における金言の一つである.

対象はほかの対象との関係で完全に決まる.

　実際，これは 0.2.3 項で議論される主結果の系である．定理を正確に述べる前に，いくつかの便利な用語を用意しておこう.

定義 0.6　圏の射 $f: X \to Y$ と対象 Z について，f による**押し出し**（pushforward）とよばれる集合の間の写像 $f_*: \mathbf{C}(Z, X) \to \mathbf{C}(Z, Y)$ が，f を後から合成する写像

$f_* : g \mapsto fg$ として定義される.

$$\mathbf{C}(Z, X) \xrightarrow{\ f_*\ } \mathbf{C}(Z, Y)$$

$$X \xrightarrow{\ f\ } Y$$
$$g \uparrow \qquad f_*(g) = fg$$
$$Z$$

また,f による**引き戻し**(pullback)とよばれる集合の間の写像 $f^* : \mathbf{C}(Y, Z) \to \mathbf{C}(X, Z)$ が,f を先に合成する写像 $f^* : g \mapsto gf$ として定義される.

$$\mathbf{C}(X, Z) \xleftarrow{\ f^*\ } \mathbf{C}(Y, Z)$$

$$X \xrightarrow{\ f\ } Y$$
$$f^*(g) = gf \qquad \downarrow g$$
$$Z$$

上の図式から,各用語の名前の由来がわかると思う.これらの用語を用いて,先に概略を説明した定理は次のようになる.

定理 0.1 以下は同値である.

- $f : X \to Y$ は同型.
- 任意の対象 Z に対し,押し出し $f_* : \mathbf{C}(Z, X) \to \mathbf{C}(Z, Y)$ は集合の間の同型.
- 任意の対象 Z に対し,引き戻し $f^* : \mathbf{C}(Y, Z) \to \mathbf{C}(X, Z)$ は集合の間の同型.

証明 射 $f : X \to Y$ が同型であるための必要十分条件は,任意の対象 Z に対し押し出し $f_* : \mathbf{C}(Z, X) \to \mathbf{C}(Z, Y)$ が集合の間の同型であること,を示す.残りは演習問題 5 とする.

$f : X \to Y$ が同型で,$g : Y \to X$ が f の逆射とする.このとき任意の Z に対し,$g_* : \mathbf{C}(Z, Y) \to \mathbf{C}(Z, X)$ は f_* の逆写像である.

逆に任意の Z に対し,$f_* : \mathbf{C}(Z, X) \to \mathbf{C}(Z, Y)$ は集合の間の同型であるとする.$Z = Y$ とすると,$f_* : \mathbf{C}(Y, X) \xrightarrow{\cong} \mathbf{C}(Y, Y)$ は集合の間の同型より,特に f_* は全射である.よって,射 $g : Y \to X$ が存在して,$f_* g = \mathrm{id}_Y$ より,定義から $fg = \mathrm{id}_Y$ となる.$gf = \mathrm{id}_X$ を確かめるため,$Z = X$ とする.$f_* : \mathbf{C}(X, X) \xrightarrow{\cong} \mathbf{C}(X, Y)$ は集合

の間の同型より, f_* は単射である. また, $f_*(\mathrm{id}_X) = f$ かつ $f_*(gf) = fgf = f$ と f_* の単射性より, $\mathrm{id}_X = gf$ となる. □

まとめると, すべての射 $X \to Z$ を理解することで, 同型を除いて X を理解することができる. また, すべての射 $Z \to X$ を理解することで, 同型を除いて X を理解することができる.

さて, 圏自身も研究するに値する対象である. また, 前述の金言に従って, ある圏を研究するには, ほかの圏との相互関係を調べることになる. では, 圏どうしの相互関係とは何だろう. それが関手であり, 次の節のテーマである.

対象が圏で射が関手である**圏の圏**(category of categories)を構成しようとしているのでは, と思うかもしれない. 実際作ることは可能だが, いくつか重要な考察を行う必要がある. 一つ目は大きさである. 圏を定義した際, 任意の二つの対象 X と Y に対し, X から Y への射の全体 $\mathbf{C}(X, Y)$ は集合であった. 実際こうしておくと便利で, たとえば射 $f : X \to Y$ による押し出し $f_* : \mathbf{C}(Z, X) \to \mathbf{C}(Z, Y)$ は, 射の集合間の写像であった. しかし, $\mathbf{C}$ と $\mathbf{D}$ が圏ならば, 関手 $\mathbf{C} \to \mathbf{D}$ の全体は集合より大きいかもしれない. 二つ目に考えなければならない問題は, より微妙である. 圏において対象どうしを同一視するもっとも厳密な方法は, 同型な射で移り合うときに限り, 同じとみなすことである. このことは圏の間の関手にもあてはめるべきである. 話がややこしいが要点は, 可逆な関手は同値関係を与えるが, 融通が利かなく使い勝手が悪いということである. よって, 圏どうしの同型を考える代わりに, 圏の同値を定義したほうがよい. 三つ目に考えておくべきことは, 圏自身には対象と射という構造があるが, 圏の圏はそれ以上の構造をもつことである. よって圏の圏は「高次の圏」と思うべきだが, ここではこれ以上考えないことにする.

0.2.2　関　手

定義 0.7　圏 $\mathbf{C}$ から圏 $\mathbf{D}$ への**関手**(functor)F とは, 以下から成る.

(i) 圏 $\mathbf{C}$ の任意の対象 X に対する, 圏 $\mathbf{D}$ の対象 FX

(ii) 任意の射 $f : X \to Y$ に対する, 射 $Ff : FX \to FY$

これらのデータは以下の意味で, 合成や恒等射と整合性を保つ.

(iii) 任意の射 $f : X \to Y$ と $g : Y \to Z$ に対し, $(Fg)(Ff) = F(gf)$

┃ (iv) 任意の対象 X に対し, $F\,\mathrm{id}_X = \mathrm{id}_{FX}$

上記のように定義された関手を**共変**(covariant)**関手**といい, **反変**(contravariant)**関手**と区別する. ここで, $\mathbf{C}$ から $\mathbf{D}$ への反変関手とは, 定義域が反対圏である関手 $F\colon \mathbf{C}^{\mathrm{op}} \to \mathbf{D}$ のことである. 反変関手は射の矢印の向きを逆にする. つまり, 任意の射 $f\colon X \to Y$ に対し, 反変関手 $F\colon \mathbf{C}^{\mathrm{op}} \to \mathbf{D}$ は射 $Ff\colon FY \to FX$ を与える. 言葉の濫用で反変関手も関手ということがあるが, 射の矢印の向きを見ていれば, たいてい混乱は生じない.

■**例 0.6** 関手の例を見ていこう.

- 圏 $\mathbf{C}$ の対象 X に対し, $\mathbf{C}$ から $\mathbf{Set}$ への関手 $\mathbf{C}(X,-)$ を次のように定義する[†]. 任意の対象 Z に集合 $\mathbf{C}(X,Z)$ を対応させ, 任意の射 $f\colon Y \to Z$ に対し定義 0.6 の f による押し出し f_* を対応させる.

$$
\begin{array}{ccc}
Y & & \mathbf{C}(X,Y) \\
f\downarrow & \mapsto & \downarrow f_* \\
Z & & \mathbf{C}(X,Z)
\end{array}
$$

- 圏 $\mathbf{C}$ の対象 X に対し, $\mathbf{C}$ から $\mathbf{Set}$ への関手 $\mathbf{C}(-,X)$ を次のように定義する[†]. 任意の対象 Z に集合 $\mathbf{C}(Z,X)$ を対応させ, 任意の射 $f\colon Y \to Z$ に対し定義 0.6 の f による引き戻し f^* を対応させる.

$$
\begin{array}{ccc}
Y & & \mathbf{C}(Y,X) \\
f\downarrow & \mapsto & \uparrow f^* \\
Z & & \mathbf{C}(Z,X)
\end{array}
$$

- 集合 X に対し, $\mathbf{Set}$ から $\mathbf{Set}$ への関手 $X \times -$ を, 対象については $Y \mapsto X \times Y$ と定義し, 射については $\mathrm{id} \times f$ と定義する. 例 5.1 で見るように, 関手 $X \times -$ と $\mathbf{C}(X,-)$ は特別な対で, 積 $-\,\mathrm{hom}$ 随伴という.
- 体 $\mathbf{k}$ 上のベクトル空間 V を固定する. $\mathbf{Vect_k}$ から $\mathbf{Vect_k}$ への関手 $V \otimes -$ を, 対象については $W \mapsto V \otimes W$ と定義し, 射については $f \mapsto \mathrm{id} \otimes f$ と定義する.
- $\mathbf{Grp}$ から $\mathbf{Set}$ への, 群構造を忘れるという関手を**忘却関手**(forgetful functor)といい, 下部構造(underlying)の意味で U と表される. 具体的には, 群 G を

[†] 訳注:$\mathbf{C}(X,-)$ や $\mathbf{C}(-,X)$ と同型な関手を表現可能関手(representable functor)という.

G の群構造が定義されている集合 UG に，群の準同型をその写像そのものに対応させる．

- **Set** から **Grp** への**自由関手**（free functor）F は，集合 S に S が生成する自由群 FS を対応させる．自由関手と忘却関手は特別な対になっていて，自由 – 忘却随伴という．5.2 節でこのことを詳しく見る．
- 群構造を忘れるという関手以外にも忘却関手が存在する．位相構造を忘れる関手 $U: \mathbf{Top} \to \mathbf{Set}$ のように，構造を忘れるという関手を一般に忘却関手という．
- 第 6 章で詳しく説明する基本群は，$\mathbf{Top}_*$ から **Grp** への関手 π_1 を定義する．
- 可換なモノイドの**グロタンディーク群**（Grothendieck group）の構成は関手的である．つまり，可換なモノイドに逆元を加えて可換群を構成するという，可換なモノイドの圏から可換群への「グロタンディーク群」という関手が存在する．

∎

関手の性質をいくつか紹介する．

> **定義 0.8** F を圏 **C** から圏 **D** への関手とする．**C** の任意の対象 X と Y について，写像
>
> $$\mathbf{C}(X, Y) \to \mathbf{D}(FX, FY)$$
>
> を $f \mapsto Ff$ で定義する．この写像が
>
> (i) 単射のとき，F は**忠実**（faithful）といい，
> (ii) 全射のとき，F は**充満**（full）といい，
> (iii) 全単射のとき，F は**忠実充満**（fully faithful）という．

忠実充満な関手は，定義域の圏の対象の間の関係をすべて保存する．F が忠実充満であるための必要十分条件は，各 $FX \to FY$ がただ一つの射 $X \to Y$ の像になることである．これを圏から圏への埋め込みとみなしたとき，注意しておかなければならないのは，忠実充満な関手は対象の上で単射とは限らないので，「埋め込み」という用語を使うのは厳密な言い方ではないことである．対象の上で単射な忠実充満な関手を**充満埋め込み**（full embedding）という．

圏論でもっとも有名な忠実充満な関手を次の節で定義するが，その前に，関手の重要で便利な点について強調しておきたい．関手 $F: \mathbf{C} \to \mathbf{D}$ は **C** 内の対象の同型

を保存する．これは，関手が合成を保存し，恒等射を保存することから導かれる基本的な性質である．つまり，

関手は同型を同型に移す．

よって，対象 X と Y が圏 $\mathbf{C}$ で「同じ」ならば，FX と FY は圏 $\mathbf{D}$ で「同じ」になる．この主張の対偶が便利である．たとえば，任意の関手 $\mathbf{Top} \to \mathbf{C}$ は，位相空間ごとに位相的性質（または**位相不変量**（topological invariant））を割り当てる．そこで圏 $\mathbf{C}$ をどうとればより便利かという問題が生じる．$\mathbf{C}$ として代数的な圏をとれば，代数的トポロジーの世界になる．たとえばホモロジー理論は，関手 $H : \mathbf{Top} \to R\mathrm{Mod}$ で位相空間を識別する優れた手段である．HX と HY が R 加群として同型でないならば，X と Y は位相空間として同相ではない．

関手は不変量であるという視点を受け入れると，「どのようなときに二つの不変量は一致するだろう」という自然な疑問が生じる．この疑問に答えるためには，関手どうしを比べる方法が必要である．

0.2.3 自然変換と米田の補題

定義 0.9 F と G を関手 $\mathbf{C} \to \mathbf{D}$ とする．F から G への**自然変換**（natural tranformation）η とは，$\mathbf{C}$ の各対象 X に定まる射 $\eta_X : FX \to GX$ であって，これらの $\mathbf{D}$ の射は $\mathbf{C}$ の射 $f : X \to Y$ に対し $\eta_Y Ff = Gf\eta_X$ を満たすものである．つまり，次の図式が可換になる．

$$
\begin{array}{ccc}
FX & \xrightarrow{Ff} & FY \\
\downarrow{\scriptstyle \eta_X} & & \downarrow{\scriptstyle \eta_Y} \\
GX & \xrightarrow{Gf} & GY
\end{array}
$$

二つの関手 $F, G : \mathbf{C} \to \mathbf{D}$ に対し，F から G への自然変換の全体を $\mathbf{Nat}(F, G)$ とする．任意の X に対し，$\eta_X : FX \xrightarrow{\cong} GX$ が同型のとき，η は**自然同型**（natural isomorphism）あるいは**自然同値**（natural equivalence）などといい，F と G は自然同型といって，$F \cong G$ と書く．

自然変換 η とは射 η_X の集まりのことで，各 η_X はいわば η の X 成分である．つまり，自然変換とは図式から別の図式への写像の集まりのことで，これらの写像は

図式の中のすべての矢印と可換である[†1].

　自然変換という考え方によって，不変量（関手）を比較することが可能になるだけでなく，0.2.1 項での考察を再訪するよう促される．そこでは，局所的の対義語である大域的な試みによって個別の数学的対象を理解できるという，圏論的な哲学を導入した．つまり，ほかの対象との相互作用を調べることにより，個別の対象をほぼ完全に描くことができる．この考え方は，次の圏論におけるとても重要な結果にその起源を有する．

米田の補題（Yoneda lemma）　$\mathbf{C}$ の任意の対象 X と任意の関手 $F : \mathbf{C}^{\mathrm{op}} \to \mathbf{Set}$ に対し，$\mathbf{C}(-, X)$ から F への自然変換の全体は FX と同型である．

$$\mathbf{Nat}(\mathbf{C}(-, X), F) \cong FX$$

　別の言い方をすれば，FX の元全体と $\mathbf{C}(-, X)$ から F への自然変換全体の間に全単射が存在する．ここで証明を与えはしないが，特に $F = \mathbf{C}(-, Y)$ の場合，

$$\mathbf{Nat}(\mathbf{C}(-, X), \mathbf{C}(-, Y)) \cong \mathbf{C}(X, Y) \tag{0.1}$$

に注意する．これは以下の意味で定理 0.1 と密接に関連している．

　まず第 1 に，与えられた二つの圏 $\mathbf{C}$ と $\mathbf{D}$ において，新しい圏 $\mathbf{D}^{\mathbf{C}}$ を構成することができる．この圏の対象は関手 $\mathbf{C} \to \mathbf{D}$ で，射は自然変換である[†2]．$\mathbf{D}^{\mathbf{C}}$ が局所小圏であることを保証するため，$\mathbf{C}$ は小圏[†3]で $\mathbf{D}$ は局所小圏と仮定する．反変関手を考えて $\mathbf{D} = \mathbf{Set}$ とすることで，圏 $\mathbf{Set}^{\mathbf{C}^{\mathrm{op}}}$ が得られる．その対象は**前層**（presheaf）とよばれる．これはとてもよい圏で，有限積と余積が存在し（第 4 章で扱う），カルテシアン閉で，いわゆるトポスとよばれる圏になる．それについて，ここで長々とは語らないが，特殊な関手 $y : \mathbf{C} \to \mathbf{Set}^{\mathbf{C}^{\mathrm{op}}}$ に注目する．それは対象 X を前層 $\mathbf{C}(-, X)$ に移し，射 $f : X \to Y$ を自然変換 f_* に移す．

$$
\begin{array}{ccc}
X & & \mathbf{C}(-, X) \\
{\scriptstyle f}\downarrow & \mapsto & \downarrow{\scriptstyle f_*} \\
Y & & \mathbf{C}(-, Y)
\end{array}
$$

---

†1　よって，自然変換は二つの関手の間の一つの矢とも，二つの図式の間の矢の集まりともみなすことができる．それゆえ，図式を関手と考えたくなるかもしれない．実際，4.1 節でそのように考える．

†2　訳注：定義 0.9 の自然同型は，圏 $\mathbf{D}^{\mathbf{C}}$ における同型射になる．

†3　訳注：小圏の定義は 4.4 節にある．

ここで，多少用語を濫用している．$f_* : \mathbf{C}(-, X) \to \mathbf{C}(-, Y)$ で，各成分が f による押し出しである自然変換を表すことにする．

同型 (0.1) は関手 y が忠実充満，つまり $\mathbf{C}$ から関手圏 $\mathbf{Set}^{\mathbf{C}^{\mathrm{op}}}$ への埋め込みであることを表している．このため，y は**米田の埋め込み**（Yoneda embedding）とよばれている．$\mathbf{C}$ の任意の対象 X が反変関手 $\mathbf{C}(-, X)$ とみなせる点がポイントである．つまり，X に関する情報は，X への射全体から得られるという主張である．それでは，X から出る射全体についてはどうだろう．

圏 $\mathbf{Set}^{\mathbf{C}}$ の共変関手（余前層とよばれる）版の米田の補題もあり，それに対応して反変的な米田の埋め込み $\mathbf{C}^{\mathrm{op}} \to \mathbf{Set}^{\mathbf{C}}$ が存在する．対応する結果は，関手 $\mathbf{C}(X, -)$ から X がわかるということである．以上の話の教訓として，X を出入りする射を理解すれば，X が理解できる．つまり，0.2.1 項で導入したテーマが完結する．

対象はほかの対象との関係で完全に決まる．

ここで，「完全に」の意味は，次の米田の補題の重要な系から明らかになる．

$X \cong Y$ となるための必要十分条件は $\mathbf{C}(-, X) \cong \mathbf{C}(-, Y)$ である．

この系の一方向は，米田の埋め込みが関手であることから示せる．別の方向は，それが忠実充満であることからわかる．対応する反変的な米田の埋め込みより，「$X \cong Y$ となるための必要十分条件は $\mathbf{C}(X, -) \cong \mathbf{C}(Y, -)$」も正しい．これにより，定理 0.1 の主張を再度与えたことになる．

最後の注意として，この哲学をあてはめて，対象から出たり対象に入ったりする射を（必ずしもすべてではなく）いくつか考えることにより，その対象の豊かな情報を得ることがある．

■**例 0.7** 二つの集合 X と Y が同型であるための必要十分条件は，任意の集合 Z について $\mathbf{Set}(Z, X) \cong \mathbf{Set}(Z, Y)$ を満たすことである．つまり，X と Y が同じであるとは，ほかの任意の集合に対し同じように関係することである．しかし，これは情報量が多すぎる．二つの集合が同型であるための必要十分条件は同じ濃度をもつことで，X と Y を区別するには，Z が 1 点集合 $*$ の場合を見るだけで十分である．実際，写像 $* \to X$ は元 $x \in X$ を選ぶことと同じであり，X と Y が同じ濃度をもつことと $\mathbf{Set}(*, X) \cong \mathbf{Set}(*, Y)$ を満たすことは同値である．

集合を区別するのに米田の補題のすべてが必要ではないという事実は，それほど

驚くことではない．集合の内部構造には注目しないからである．米田の補題の実力は，群や位相空間など，よりおもしろい構造をもつ対象の場合にはっきりする．それにもかかわらずこの例を紹介したのは，記号の表し方について気をつけてほしいからである．写像を表す際は丸括弧を書かない．$f(x)$ をこの本では fx と書く．この書き方は，圏論の研究者が射を重視することと合致している．集合 X の元 x は，射 $x : * \to X$ とみなせる．よって，与えられた写像 $f : X \to Y$ に対し，x の像である Y の元は，合成写像 fx と理解できる．　　　　　　　　　　　　　　　■

　ここまでの話の流れに合わせて，次の節では，圏論の観点から集合の基礎を再訪してみる．

0.3　集合論の基礎

　写像について復習しよう．

0.3.1　写　像

　写像が**単射**（injective）とは，左可除的であることである，つまり，$f : X \to Y$ が単射であるとは，任意の二つの写像 $g_1, g_2 : Z \to X$ において，$fg_1 = fg_2$ ならば $g_1 = g_2$ となることである．別の言い方をすると，f が単射であるための必要十分条件は，$f_* : \mathbf{Set}(Z, X) \to \mathbf{Set}(Z, Y)$ が任意の Z について通常の意味で単射になることである．さらに別の同値な条件として，f が単射であるための必要十分条件は，f が左逆射をもつことである．つまり，$gf = \mathrm{id}_X$ を満たす $g : Y \to X$ が存在することである．単射と単射の合成も単射であり，$f : X \to Y$ と $g : Y \to Z$ について，gf が単射ならば f も単射である．単射を記号で $f : X \hookrightarrow Y$ と表す．

　より一般に任意の圏において，左可除的な射を**モノ射**（monomorphism）といい，$X \rightarrowtail Y$ のように矢印のうしろにも羽を付けて表す．任意の圏において，左可逆的ならば左可除的だが，逆は成立しない．たとえば，$n \mapsto 2n$ は左可除的な群の準同型 $f : \mathbb{Z}/2\mathbb{Z} \to \mathbb{Z}/4\mathbb{Z}$ だが，$gf = \mathrm{id}_{\mathbb{Z}/2\mathbb{Z}}$ を満たす群の準同型 $g : \mathbb{Z}/4\mathbb{Z} \to \mathbb{Z}/2\mathbb{Z}$ は存在しない．

　写像が**全射**（surjective）とは，右可除的であることである，つまり，$f : X \to Y$ が全射であるとは，任意の二つの写像 $g_1, g_2 : Y \to Z$ において，$g_1 f = g_2 f$ ならば $g_1 = g_2$ となることである．別の言い方をすると，f が全射であるための必要十分条

件は，$f^*: \mathbf{Set}(Y, Z) \to \mathbf{Set}(X, Z)$ が任意の Z について単射である，つまり右逆射をもつことである．すなわち，$f: X \to Y$ が全射であるとは，$fg = \mathrm{id}_Y$ を満たす $g: Y \to X$ が存在することである．全射と全射の合成も全射であり，$f: X \to Y$ と $g: Y \to Z$ について，gf が全射ならば g も全射である．全射を記号で $f: X \twoheadrightarrow Y$ と表す．

　一般に任意の圏において，右可除的な射を**エピ射**（epimorphism）といい，全射と同じく矢印の先を二重にして表す．任意の圏において，右可逆的ならば右可除的だが，逆は成立しない（演習問題 3 はそのような例を挙げる問題である）．

　最後に，圏 **Set** においては，単射かつ全射ならば同型である．右可逆かつ左可逆ならば可逆だからである（左逆と右逆があれば，両側逆が存在することを示せばよい）．しかし，一般に，左可除的かつ右可除的は可逆を意味しない．たとえば圏 **Top** では，モノかつエピであっても同型とは限らない．

0.3.2　空集合と 1 点集合

　空集合 $\emptyset$ は圏 **Set** における**始対象**（initial object）である，つまり，任意の集合 X に対し，射 $\emptyset \to X$ がただ一つ存在する．一方，1 点集合 $*$ は**終対象**（terminal object）である，つまり，任意の集合 X に対し，射 $X \to *$ がただ一つ存在する．1 点集合は同型を除いて一意的で，その同型写像も一意的である．$*$ も $*'$ も 1 点集合ならば，同型写像 $* \xrightarrow{\cong} *'$ がただ一つ存在する．このことは圏 **Set** に限ったことではない．存在するかはわからないが，任意の圏でも始対象や終対象が考えられる．圏 **C** の対象 C が終対象であるとは，圏 **C** の任意の対象 X に対し，射 $X \to C$ がただ一つ存在することであり，圏 **C** の対象 D が始対象であるとは，圏 **C** の任意の対象 X に対し，射 $D \to X$ がただ一つ存在することである．

0.3.3　集合圏における直積と直和

　二つの集合 X と Y の**直積**または積（product）とは，$x \in X$ と $y \in Y$ の順序対 (x, y) の集合 $X \times Y$ のことである．この説明で $X \times Y$ がどんな集合かはわかるが，どんな性質をもっているかや圏 **Set** の中でほかの集合とどう関連するかはよくわからない．このことは，直積をより圏論的に表すことを促す．

　より圏論的に表すと，二つの集合 X と Y の直積とは，集合 $X \times Y$ と二つの写像 $\pi_1: X \times Y \to X$ と $\pi_2: X \times Y \to Y$ の組のことである．任意の集合 Z と任意の二つの写像 $f_1: Z \to X$ と $f_2: Z \to Y$ に対し，$\pi_1 h = f_1$ かつ $\pi_2 h = f_2$ を満たす写像

$h: Z \to X \times Y$ がただ一つ存在するという性質で，直積は特徴づけられる．ここで「特徴づけられる」とは，圏 **Set** において，直積はこの性質を満たす（同型を除いて）ただ一つの対象であるということを意味する．

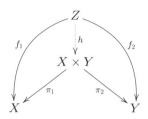

　たとえば有限集合の直積の例として，$\{1, \ldots, n\} \times \{1, \ldots, m\} \cong \{1, \ldots, nm\}$ などがある．

　二つの集合 X と Y の**直和**（disjoint union）も圏論的に表すことができる．それは，集合 $X \coprod Y$ と二つの写像 $i_1: X \to X \coprod Y$ と $i_2: Y \to X \coprod Y$ の組であり，任意の集合 Z と任意の二つの写像 $f_1: X \to Z$ と $f_2: Y \to Z$ に対し，$h i_1 = f_1$ かつ $h i_2 = f_2$ を満たす写像 $h: X \coprod Y \to Z$ がただ一つ存在するという性質で特徴づけられる．

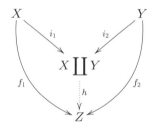

$X \coprod Y$ の代わりに $X + Y$ や $X \oplus Y$ とも書く．例として，$\{1, \ldots, n\} + \{1, \ldots, m\} \cong \{1, \ldots, n+m\}$ などがある．直和の特徴づけの性質は直積の特徴づけの双対なので，直和を集合の余積といったりもする．

　集合の任意の集まりに対し，直積や直和を考えることができる．集合族 $\{X_\alpha\}_{\alpha \in A}$ の直和は，集合 $\coprod_{\alpha \in A} X_\alpha$ と写像の集まり $i_\alpha: X_\alpha \to \coprod X_\alpha$ の組であり，任意の集合 Z と任意の写像の集まり $\{f_\alpha: X_\alpha \to Z\}$ に対し，$h i_\alpha = f_\alpha$ を $\alpha \in A$ について満たす写像 $h: \coprod X_\alpha \to Z$ がただ一つ存在するという性質で特徴づけられる．

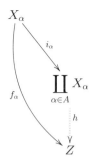

集合族 $\{X_\alpha\}_{\alpha \in A}$ の直積は,$f(\alpha) \in X_\alpha$ を満たす写像 $f : A \to \coprod X_\alpha$ の全体と定義することもあるが,普遍性で理解するほうがより重要である.集合族 $\{X_\alpha\}_{\alpha \in A}$ の直積は,集合 $\prod_{\alpha \in A} X_\alpha$ と写像の集まり $\pi_\alpha : \prod X_\alpha \to X_\alpha$ の組であり,任意の集合 Z と任意の写像の集まり $\{f_\alpha : Z \to X_\alpha\}$ に対し,$\pi_\alpha h = f_\alpha$ を $\alpha \in A$ について満たす写像 $h : Z \to \prod X_\alpha$ がただ一つ存在するという性質で特徴づけられる.

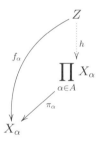

0.3.4 任意の圏における積と余積

上で述べた普遍性の性質は,任意の圏における積と余積,より一般に極限と余極限の定義のひな形を与える.より完全な議論は第 4 章で行うが,とりあえずここでは,一般の圏では積や余積は存在しないかもしれないこと,たとえ存在したとしても集合の直積や直和と似ても似つかない場合もあり得ることはいっておこう.たとえば,体の圏 **Fld** には積が存在しない.なぜならば,もし体 **k** が $\mathbb{F}_2$ と $\mathbb{F}_3$ の積[†]ならば,準同型 $\mathbf{k} \to \mathbb{F}_2$ と $\mathbf{k} \to \mathbb{F}_3$ が存在するが,**k** の標数は 2 でありかつ 3 であることはないので矛盾である.一方,圏 **Vect**$_\mathbf{k}$ やより一般に $R\mathbf{Mod}$ には,積も余積も存在する.その積は直積で余積は直和である.**Grp** での余積は自由積で,アーベル群の圏での余積は直和である.圏 **Set** においても,積や余積についていっておくべ

---

† 訳注:$\mathbb{F}_2$ と $\mathbb{F}_3$ は,それぞれ標数 2 と標数 3 の素体を表す.

きことはある．選択公理がまさにそうで，これは空集合でない集合族 $\{X_\alpha\}_{\alpha \in A}$ に対し，直積 $\prod X_\alpha$ が存在し空集合でないことである（選択公理について，より詳しく 3.4 節で扱う）．

　一般の圏での積や余積は **Set** での積や余積と見た目は異なるかもしれないが，構成方法は **Set** の場合と密接に関連している．その理由は，任意の圏 **C** での積や余積の普遍性から，次の全単射が成り立つからである．

$$\mathbf{C}\left(\coprod_\alpha X_\alpha, Z\right) \cong \prod_\alpha \mathbf{C}(X_\alpha, Z) \quad \Bigg| \quad \mathbf{C}\left(Z, \prod_\alpha X_\alpha\right) \cong \prod_\alpha \mathbf{C}(Z, X_\alpha)$$

別の言い方をすると，積への射は各成分への射に分解されることが，積の特徴づけである．双対的に，余積からの射は各成分からの射に分解されることが，余積の特徴づけである（より正確に，圏の積と余積は，集合の積と余積の（余）表現である）．言い方を変えると，余積は射の積の第 1 成分として現れ，積は射の積の第 2 成分として現れる．$\mathbf{Vect_k}$ や $R\mathbf{Mod}$ など余積が直和で積が直積である場合に，この例のようなことが起こる．X を R 加群とし，$X^* := R\mathbf{Mod}(X, R)$ をその双対加群とする．$Z = R$ とすると，上記の一つ目の同型から

$$(\oplus X_\alpha)^* \cong \prod (X_\alpha)^*$$

となる．つまり，「直和の双対は双対の直積」という事実は，$R\mathbf{Mod}$ における余積の存在からの帰結である．

0.3.5　集合圏におけるベキ

　集合の圏において，射の集合 $\mathbf{Set}(X, Y)$ を Y^X とも書く．さらに自然な**評価射**（evaluation map）$\mathrm{eval} : X \times Y^X \to Y$ が $\mathrm{eval}(x, f) = fx$ と定義される．ベキの表記はさまざまな同型を説明するのに便利である．たとえば

$$(X \times Y)^Z \cong X^Z \times Y^Z$$

は，直積の普遍性を説明するのに便利な方法である．つまり，Z から直積への写像は，Z から直積の各成分への写像に対応する．また，同型

$$Y^{X \times Z} \cong (Y^X)^Z$$

は，積と射の随伴を説明している．この随伴については例 0.6 ですでに簡単に触

れていて，例 5.1 で詳しく議論する．ここでは簡単に見ておこう．集合 X を固定する．L を関手 $X \times -$ とし，R を関手 $\mathbf{Set}(X, -)$ とする．この記号の下で同型 $Y^{X \times Z} \cong (Y^X)^Z$ は $\mathbf{Set}(LZ, Y) \cong \mathbf{Set}(Z, RY)$ となり，随伴線形写像の定義を思い出させる（その理由から「随伴」という）．

0.3.6　順序集合

　順序集合または**ポセット**（partially ordered set）とは，集合 $\mathcal{P}$ と $\mathcal{P}$ 上の反射律，推移律および反対称律を満たす二項関係 $\leq$ の組のことである．ここで反射律とは，任意の $a \in \mathcal{P}$ に対し $a \leq a$ を満たすことで，推移律とは，任意の $a, b, c \in \mathcal{P}$ に対し $a \leq b$ かつ $b \leq c$ ならば $a \leq c$ を満たすことで，反対称律とは，任意の $a, b \in \mathcal{P}$ に対し $a \leq b$ かつ $b \leq a$ ならば $a = b$ を満たすことである．

　ポセット $\mathcal{P}$ の元を対象とし，$a \leq b$ の場合のみ射 $a \to b$ が存在することにすると，$\mathcal{P}$ は圏になる．推移律は射の合成を意味する．別の言い方をすれば，ポセットとは，任意の二つの対象の間には高々一つの射しか存在しない小圏とも定義できる．

　この節で与えたさまざまな定義は，読者が以前から知っていた定義とは違っていたかもしれない．たとえば，単射の定義は，定義域の点に対してどのように振る舞うかで定義されると思っていたかもしれない．しかしここでは，ほかの写像にどのように作用するかで単射を定義した．別の例では，直和とは何かを定義せず（その定義は本質的にはツェルメロ–フレンケル（Zermelo–Frenkel）の和と拡張の公理に関わる），ほかの集合とどのように相互作用するかで，同型を除いて一意的に特徴づけた．このことは，この章の冒頭のローヴェアの言葉を思い出させる．

演習問題

1. $\mathcal{S}$ は集合 X の部分集合族で，和集合が X に一致すると仮定する．このとき，$\mathcal{S}$ を含む位相のうち最弱な位相 $\mathcal{T}$ が存在することを示せ．また，$\mathcal{S}$ の元の有限個の共通部分の全体が $\mathcal{T}$ の開基になることを示せ．この場合，$\mathcal{S}$ を位相 $\mathcal{T}$ の**部分開基**（subbasis）という．

2. 位相空間の間の写像 $f : X \to Y$ は連続であることと，Y の位相の開基の任意の元 B について $f^{-1}B$ が開集合であることは，同値であることを示せ．

3. 以下は射に関する小問である.

   (a) 左可逆な射はモノであり, 右可逆な射はエピであることを示せ.

   (b) 右可逆ではないエピ射の例を挙げよ.

   (c) 射が左可逆かつ右可逆ならば可逆であることを示せ.

   (d) エピかつモノだが同型ではない **Top** の射の例を挙げよ.

   (e) ある圏の二つの対象 X と Y で, 同型ではないにもかかわらず互いに $X \rightleftarrows Y$ のような単射が存在する例を挙げよ.

4. 圏 **Grp**, **Vect**$_k$ における始対象, 終対象, 積, 余積は何か.

5. 定理 0.1 のもう一方を示せ. つまり, $f : X \to Y$ が圏 **C** の同型である必要十分条件は, $f^* : \mathbf{C}(Y, Z) \to \mathbf{C}(X, Z)$ が任意の対象 Z に関して同型であることを示せ.

6. 0.2.3 項の米田の補題を示せ. $\mathbf{C}(X, X)$ には id_X という特別な元があることがポイントである. よって, 任意の自然変換 $\eta : \mathbf{C}(-, X) \to F$ に対し, 特別な元 $\eta\, \mathrm{id}_X \in FX$ が得られ, これが η を完全に決定する.

第1章 位相空間の例と構成

Examples and Constructions

はじめに　　与えられた位相空間から新たな位相空間を構成することが本章の目標である．四つの基本的な構成方法を紹介する．すなわち，1.2 節では部分空間，1.3 節では商空間，1.4 節では積空間，そして 1.5 節では余積空間を扱う．圏論的な見方を続けるために，各構成では以下の項目を順番に確かめていく．

- **古典的な定義**：位相空間の具体的な構成.
- **第１の特徴づけ**：空間から，または空間へのある写像が連続になる，最弱か最強の位相として構成する．これはよりよい定義を導く.
- **第２の特徴づけ**：定理 1.1〜1.4 で与えられた普遍性による位相空間の表現.

1.1　例と用語

まず位相空間の例から始めて，その後で連続写像の例を見ていこう.

1.1.1　位相空間の例

■**例 1.1**　任意の集合 X には**余有限**（cofinite）な位相が考えられる．この位相で U が開集合であるとは，補集合 $X \setminus U$ が有限であること（または $U = \emptyset$）とする．同様に，任意の集合には**余可算**（cocountable）な位相が考えられる．この位相で U が開集合であるとは，補集合 $X \setminus U$ が可算であること（または $U = \emptyset$）とする．　■

■**例 1.2**　空集合 $\emptyset$ と 1 点集合 $*$ にはただ 1 通りの位相しか入らない．任意の位相空間 X に対し，ただ 1 通りの写像 $\emptyset \to X$ や $X \to *$ は連続である．**Set** と同様に

Top においても空集合は始対象で，1 点集合は終対象である．　■

■**例 1.3**　0.1 節で見たように，$\mathbb{R}$ には通常の距離により位相が入るが，ほかの位相の入れ方もある．たとえば，任意の集合の場合と同じく，余有限な位相や余可算な位相が考えられる．$[a,b)$（ここで $a < b$）の形の区間を開基とする位相もあり，**下極限位相**（lower limit topology）（や Sorgenfrey 位相や uphill 位相や半開区間位相（half open topology）など）とよばれる．以下では特に断らない限り，$\mathbb{R}$ には通常の距離位相を考える．　■

■**例 1.4**　一般に全順序集合 X において，区間 $(a,b) = \{x \in X \mid a < x < b\}$ および (a, ∞) や $(-\infty, b)$ は開基となり，位相を定義する．これを**順序位相**（order topology）という．$\mathbb{R}$ は全順序集合で，$\mathbb{R}$ における順序位相は通常の位相と一致する．　■

■**例 1.5**　特に断らない限り，整数全体 $\mathbb{Z}$ には離散位相が入っていると考えるが，

$$S(a,b) = \{an + b \mid n \in \mathbb{Z}\} \quad (a \in \mathbb{Z} \setminus \{0\}, \ b \in \mathbb{Z})$$

と $\emptyset$ が開基という特別な位相もある．フルステンベルグ（Furstenberg）はこの位相を用いて，素数が無限にあることの興味深い証明を与えた（Mercer (2009) 参照）．その証明は以下のようなものである．$S(a,b)$ は閉集合でもあることが簡単に確かめられる．また，± 1 を除いて任意の整数は素因子をもつので，

$$\mathbb{Z} \setminus \{-1, +1\} = \bigcup_{p:\text{素数}} S(p, 0)$$

と表される．左辺は閉集合ではないので（空集合でない有限集合は開集合ではないので），右辺は無限個の閉集合の和集合でなくてはならない．よって，素数は無限個あることがわかる．　■

■**例 1.6**　R を単位元をもつ可換環とし，$\mathrm{spec}\, R$ を R の素イデアルの全体とする．$\mathrm{spec}\, R$ の**ザリスキー位相**（Zariski topology）とは，閉集合が $VE = \{p \in \mathrm{spec}\, R \mid E \subset p\}$ の形をした位相である．ここで，E は R の任意の部分集合とする．　■

■**例 1.7**　実（または複素）ベクトル空間 V 上の**ノルム**（norm）とは，以下を満たす関数 $\|-\| : V \to \mathbb{R}$ のこととする．

- 任意のベクトル v について，$\|v\| \geq 0$ で，等号成立条件は $v = 0$ である．

- 任意のベクトル v, w について，$\|v + w\| \le \|v\| + \|w\|$
- 任意のスカラー α とベクトル v について，$\|\alpha v\| = |\alpha| \|v\|$

すべてのノルム空間は距離 $d(x, y) = \|x - y\|$ により距離空間であり，よって位相空間である．$\mathbb{R}^n$ の通常の距離はノルム $\|(x_1, \ldots, x_n)\| := \sqrt{\sum_{i=1}^{n} |x_i|^2}$ から定まる．より一般に，任意の $p \ge 1$ に対し，$\mathbb{R}^n$ の p-ノルム（p-norm）を次のように定義する．

$$\|(x_1, \ldots, x_n)\|_p := \left(\sum_{i=1}^{n} |x_i|^p \right)^{\frac{1}{p}}$$

また，sup ノルム（sup norm）を

$$\|(x_1, \ldots, x_n)\|_\infty := \sup\{|x_1|, \ldots, |x_n|\}$$

と定義する．これらのノルムは異なる開球をもつので，異なる距離を定める．しかし，$\mathbb{R}^n$ の任意のノルムについて，ノルム $\rightsquigarrow$ 距離 $\rightsquigarrow$ 位相とたどると，同じ位相を定める．実際，有限次元ベクトル空間の二つのノルムは互いに同相な位相を定めるだけではなく，まったく同じ位相を定める．　■

■**例 1.8**　ノルムが発散する数列を避ければ，前の例を $\mathbb{R}^n$ から実数列の空間 $\mathbb{R}^{\mathbb{N}}$ に一般化できる．$\sum_{n=1}^{\infty} |x_n|^p$ が有限な数列 $\{x_n\}$ の全体 l_p は $\mathbb{R}^{\mathbb{N}}$ の部分ベクトル空間で（1.2 節を参照），ノルム

$$\|\{x_i\}\|_p := \left(\sum_{i=1}^{\infty} |x_i|^p \right)^{\frac{1}{p}}$$

によりノルム空間になる．異なる p どうしの集合 l_p 自体が異なるので，位相空間 l_p どうしを比較するのは難しい．たとえば，$\{1/n\}$ は l_2 の元だが l_1 の元ではない．それにもかかわらず，位相空間として l_p どうしは同相である（Kadets, 1967）．有界列の全体 l_∞ も $\|\{x_i\}\| := \sup |x_i|$ に関してノルム空間である．しかし $p \ne \infty$ ならば，l_p と同相ではない．この証明は演習問題 6 としよう．

$\mathbb{R}$ の数列 $(x_1, x_2, \ldots)$ の全体 $\mathbb{R}^{\mathbb{N}}$ は（1.4 節で定義される）積位相で位相空間になり，p 乗和が収束する数列全体は（1.2 節で定義される）相対位相で位相空間になる．得られる位相は，l_p をノルム空間として得られる位相とはずいぶんと異なる．　■

1.1.2　連続写像の例

　位相空間の例に続いて，連続写像の例について見ていこう．最初の例は，対象はほかの対象との相互関係で決まるという（第 0 章で紹介した）哲学を，**Top** において活き活きと表現している．

■**例 1.9**　集合 $S = \{0, 1\}$ に位相 $\{\emptyset, \{1\}, S\}$ を考えた位相空間を**シェルピンスキーの 2 点空間**（Sierpiński two-point space）という．この位相の任意の開集合 $U \subset X$ に対し，次で定義される特性関数 $\chi_U : X \to S$ は連続写像である．

$$\chi_U(x) = \begin{cases} 1 & (x \in U \text{ のとき}) \\ 0 & (x \notin U \text{ のとき}) \end{cases}$$

さらに，任意の連続写像 $f : X \to S$ は，$U = f^{-1}(1)$ に対し χ_U と表すことができる．つまり，任意の開集合 $U \subset X$ と連続写像 $X \to S$ が 1 対 1 に対応している．言い換えると，**Top**(X, S) は X の位相のコピーである．　　　　■

■**例 1.10**　前の例は，位相空間 X の位相は集合 **Top**(X, S) で復元できることを表している．それでは X の点も復元できるだろうか．これも簡単にできる．X の点 $x \in X$ は写像 $* \to X$ と同じなので，位相空間 X の点の全体は集合 **Top**$(*, X)$ と同型である．　　　　■

　上記のような考え方の実際の効用として，位相空間 X は，（通常 X より簡単な）別の空間から X への，または X から別の空間への連続写像を通して理解できる．たとえば，第 6 章で扱う X の基本群は，円周 S^1 から X への連続写像を扱う．また，X の位相的性質を調べる際によく用いられる（第 3 章で取り上げる）点列は，離散空間 $\mathbb{N}$ から X への連続写像である．一方，X からの連続写像も興味深い．たとえば，X から離散空間 $\{0, 1\}$ への連続写像は連結性を定義する．X への連続写像の別の例として，連続写像 $* \to X$ のホモトピー類は弧状連結性を定義する．連結性や弧状連結性は 2.1 節で扱う．そして，パスに言及する．パスとは以下のようなものである．

■**例 1.11**　空間 X 内の**パス**（path）とは，連続写像 $\gamma : [0, 1] \to X$ のことである．X 内の**ループ**（loop）とは，$\gamma 0 = \gamma 1$ を満たす連続写像 $\gamma : [0, 1] \to X$ のことである．

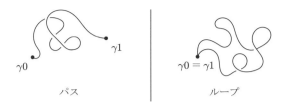

パス　　　　　　　　　ループ

■**例 1.12**　距離空間 (X, d) と点 $x \in X$ に対し，$fy = d(x, y)$ で定義された関数 $f : X \to \mathbb{R}$ は連続である．　　　　　　　　　　　　　　　　　　　　　■

■**例 1.13**　圏 **Grp** や **Vect**$_k$ では全単射な射は同型写像だが，位相空間の間の全単射連続写像は同相写像とは限らない．たとえば，恒等写像 $\mathrm{id} : (\mathbb{R}, \mathcal{T}_{\mathrm{discrete}}) \to (\mathbb{R}, \mathcal{T}_{\mathrm{usual}})$ は全単射連続写像だが同相写像ではない[†]．しかし，コンパクトかつハウスドルフな位相空間の圏では，全単射連続写像は同相写像である．系 2.5 を参照．　■

　位相空間と連続写像の例を準備したので，次に，位相空間の構成の問題に着手する．すでに存在している位相空間からどのように新しい位相空間を作るか．部分空間，商空間，積空間，余積空間について，定義はすでに馴染みがあると思うが，これらを圏論の視点から見直すのがこの章の残りの目標である．章の冒頭で言及したように，次の三つのステップで見直しを行う．

- **古典的な定義**：位相のよく知られた具体的な構成．
- **第 1 の特徴づけ**：空間から，または空間へのある写像が連続になる，最弱か最強の位相として構成する．これはよりよい定義を導く．
- **第 2 の特徴づけ**：普遍性を用いて位相を定義する．

　第 1 の特徴づけの最弱や最強という言葉は，四つの構成においてどちらが現れるか注意が必要である．また，空間からの写像か空間への写像かの違いにも注意が必要である．

---

† 訳注：$\mathcal{T}_{\mathrm{discrete}}$，$\mathcal{T}_{\mathrm{usual}}$ はそれぞれ，$\mathbb{R}$ の離散位相とユークリッド距離位相を表す．

1.2　部分空間 ─────────────────────────

　与えられた集合 X に対し，X の部分集合 Y を考えることで新しい集合が得られる．X に位相が定義されている場合，Y にも位相を定義したい．これが四つの構成のうちの最初の**部分空間**（subspace）である．部分空間の位相は通常，以下のように定義される（たとえば Munkres (2000) を参照）．

> **定義 1.1**　$(X, \mathcal{T}_X)$ を位相空間とし，Y を X の任意の部分集合とする．Y の**相対位相**（subspace topology）は $\mathcal{T}_Y := \{U \cap Y \mid U \in \mathcal{T}_X\}$ で与えられる．

　実際にこの定義が Y の位相を定めることを各自で確かめてほしい．より興味深いのは，この位相が満たす性質である．特に，Y には自然な包含写像 $i : Y \to X$ があり，相対位相は i を連続にする最弱の位相である．これが第 1 の特徴づけである．

1.2.1　第 1 の特徴づけ

　この特徴づけの詳細を述べる前に，動機としてより一般の状況を考える．$(X, \mathcal{T}_X)$ を位相空間とし，S を任意の集合とする．写像

$$f : S \to X$$

を考える．S に位相を与えないと，f が連続かどうかは意味のない問いである．f を連続にする S の位相は常に存在する．離散位相がその一つである．しかし，より弱い位相はあるだろうか．最弱の位相はあるだろうか．答えはともに「イエス」である．実際，f を連続にする S のすべての位相の共通部分も，f を連続にする S の位相である．よって，f を連続にする S のすべての位相の共通部分が，f を連続にする S の最弱の位相である．この位相を $\mathcal{T}_f$ とよぶことにすると，$\mathcal{T}_f$ は $\{f^{-1}U \mid U \subset X$ は開集合$\}$ と簡単に表せ，f が誘導する相対位相という．よって，部分集合 $Y \subset X$ の相対位相 $\mathcal{T}_Y$ は，自然な包含写像 $i : Y \to X$ に関する $\mathcal{T}_i$ に一致する．このことは，相対位相のよりよい定義を導く．

> **よりよい定義**　$(X, \mathcal{T}_X)$ を位相空間とし，Y を X の任意の部分集合とする．Y の相対位相とは，標準的な包含写像 $i : Y \hookrightarrow X$ を連続にする最弱の位相である．

　より一般に，S を任意の集合として，$f : S \to X$ を任意の単射とする．このとき f

を連続にする S の最弱の位相 $\mathcal{T}_f$ を, f が誘導する相対位相という. これは, S が X の部分集合でなくてもよい定義である. なぜだろう. その理由は, f は単射なので, S と像 $fS \subset X$ は集合として同型であり, $f : S \to X$ から定まる位相空間 $(S, \mathcal{T}_f)$ は, 包含写像 $i : fS \hookrightarrow X$ から定まる相対位相が入った $fS \subset X$ と同相だからである（$f : S \to X$ が単射でなくても, f を連続にする S の最弱の位相 $\mathcal{T}_f$ は存在するが, その場合は相対位相とはよばない）.

定義 1.2　$f : Y \to X$ を位相空間の間の連続な単射とする. Y の位相が f が誘導する相対位相 $\mathcal{T}_f$ に一致する場合, f を **埋め込み**（embedding）という.

■ 例 1.14　集合 $[0, 1]$ に離散位相を考える. 恒等写像 $i : ([0, 1], \mathcal{T}_{\mathrm{discrete}}) \to (\mathbb{R}, \mathcal{T}_{\mathrm{usual}})$ は連続な単射だが埋め込みではない. 定義域の位相が i が誘導する相対位相ではないからである. ■

部分集合 $Y \subset X$ に相対位相を考えると, 「写像 $Z \to Y$ は連続か」という問いは意味をもつ. つまり, 相対位相は Y への連続写像を決める. 逆もいえて, Y への連続写像は Y の位相を決める. これは, 圏の対象は出入りする射で決まるという哲学を表す別の事例であり, また, 相対位相の第 2 の特徴づけの核心を成す.

1.2.2　第 2 の特徴づけ

このように相対位相について考えることによって, 部分空間へのどの写像が連続になるかを特徴づける重要な普遍性が表現される. それらの写像 $Z \to Y$ は, X への写像と見たとき連続になる.

定理 1.1　$(X, \mathcal{T}_X)$ を位相空間とし, Y を X の任意の部分集合とする. $i : Y \hookrightarrow X$ を自然な包含写像とする. Y の相対位相は次の性質で特徴づけられる.

相対位相の普遍的性質　任意の位相空間 $(Z, \mathcal{T}_Z)$ と任意の写像 $f : Z \to Y$ について, f が連続であることと, $if : Z \to X$ が連続であることは同値である.

証明　この定理を二つの部分に分けてみよう．まず最初に相対位相が普遍性をもつことを確かめよう．その後で，相対位相がこの普遍性によって特徴づけられる，つまり，Y 上の位相でこの普遍性をもつ位相は相対位相に限られることを確かめよう．

　まず，$\mathcal{T}_Y$ を Y 上の相対位相とする．$(Z, \mathcal{T}_Z)$ を任意の位相空間とし，$f : Z \to Y$ を写像とする．最初に，$f : Z \to Y$ が連続であるための必要十分条件は，$if : Z \to X$ が連続であることを示そう．まず，f が連続ならば，連続写像の合成 $if : Z \to X$ は連続である．次に，$if : Z \to X$ が連続として，U を Y の開集合とする．このとき，開集合 $V \subset X$ が存在して $U = i^{-1}V$ と表される．if は連続より，$(if)^{-1}V \subset Z$ は Z の開集合である．ここで，$(if)^{-1}V = f^{-1}U$ より，$f^{-1}U$ は開集合なので f は連続である．よって，位相 $\mathcal{T}_Y$ は普遍性をもつ．

　次に，$\mathcal{T}'$ は Y の位相で普遍性をもつとする．このとき $\mathcal{T}' = \mathcal{T}_Y$，つまり $\mathcal{T}' \subset \mathcal{T}_Y$ かつ $\mathcal{T}_Y \subset \mathcal{T}'$ を示す．$\mathcal{T}'$ の普遍性より，任意の位相空間 $(Z, \mathcal{T}_Z)$ と任意の写像 $f : Z \to Y$ について，f が連続であることと，$if : Z \to X$ が連続であることは同値である．特に $(Z, \mathcal{T}_Z)$ を $(Y, \mathcal{T}_Y)$ として，$f : Y \to Y$ を恒等写像とすると，次のような図式ができる．

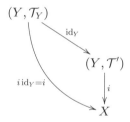

　Y に相対位相を入れると $i\,\mathrm{id}_Y = i : Y \to X$ は連続となるから，普遍性から $\mathrm{id}_Y : (Y, \mathcal{T}_Y) \to (Y, \mathcal{T}')$ は連続なので，相対位相 $\mathcal{T}_Y$ は $\mathcal{T}'$ より強い，つまり $\mathcal{T}' \subset \mathcal{T}_Y$ である．$\mathcal{T}_Y \subset \mathcal{T}'$ を示すには，$(Z, \mathcal{T}_Z)$ を $(Y, \mathcal{T}')$ として，$f = \mathrm{id}_Y : (Y, \mathcal{T}') \to (Y, \mathcal{T}')$ とすると，次のような図式ができる．

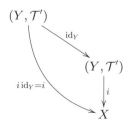

id_Y の連続性より $i\,\mathrm{id}_Y = i : Y \to X$ も連続で，$\mathcal{T}'$ は $i : Y \to X$ を連続にする Y の位相である．しかし，相対位相は $i : Y \to X$ を連続にする Y の最弱位相となるから，$\mathcal{T}_Y$ は $\mathcal{T}'$ より弱い，つまり $\mathcal{T}_Y \subset \mathcal{T}'$ である．$\qquad\square$

■**例 1.15** $\mathbb{Q} \subset \mathbb{R}$ の相対位相について，開基は $\mathbb{Q} \cap (a, b)$ $(a < b)$ の形をしている．$\mathbb{Q}$ の離散位相と相対位相は異なることに注意する．たとえば，任意の有理数 r に対し，1 点集合 $\{r\}$ は，離散位相では開集合だが相対位相では開集合ではない．$\qquad$■

1.3 商空間

商位相の定義や特徴づけを始める前に，商集合の定義を復習しておこう．X を集合として，$\sim$ を X の同値関係とする．このとき $X/\sim$ は同値類の集合で，自然な射影 $\pi : X \twoheadrightarrow X/\sim$ とは x をその同値類に移す全射で，ファイバーは $\sim$ の同値類である．

逆に，任意の集合 S と任意の全射 $\pi : X \twoheadrightarrow S$ に対し，S は集合として $X/\sim$ と同型である．ここで $\sim$ は，次のように，同値類が π のファイバーであるような同値関係である．

$$x \sim y \iff \pi x = \pi y$$

写像 π は次の同型を導く．

$$S \xrightarrow{\cong} X/\sim$$
$$s \longmapsto \pi^{-1}s$$

さて，全射 $\pi : X \twoheadrightarrow S$ は位相空間 X から集合 S への写像とする．どのような位相を S に考えるべきだろう．商位相とよばれるその位相は次のように定義される．

定義 1.3 $U \subset S$ が**商位相**（quotient topology）の開集合であるとは，$\pi^{-1}U$ が X の開集合になることである．

商位相が定義された S を商空間という．

S と $X/\sim$（π のファイバーで定義された商）は集合として同型なので，商位相は S に定義されたと思っても，$X/\sim$ に定義されたと思ってもよい．これは単射 $f : S \hookrightarrow X$ で定義される相対位相が，S に定義されたと思っても，$fS \subset X$ に定義されたと思っ

てもよいことと同様である.

1.3.1　第1の特徴づけ

　位相空間 X から集合 S への写像 $\pi: X \to S$ が連続かどうかは意味のない問いである. 一方, $\pi: X \twoheadrightarrow S$ が連続になる位相が S に存在するかどうかは意味がある問いである. S に密着位相を考えることで, この問いの答えは「イエス」であることがわかる. しかし, より強い位相はあるだろうか. 最強の位相はあるだろうか. これらの質問の答えも「イエス」である. 実際, 定義1.3から, 商位相は写像 $\pi: X \to S$ を連続にする最強の位相であることがわかる. すなわち, $\pi^{-1}U$ が開集合のときのみ U が開集合であることから π は連続で, $\pi^{-1}U$ が開集合ならば U が開集合であることから, 商位相が写像 $\pi: X \to S$ を連続にする最強の位相であることがわかる. このことから, 商位相の第1の特徴づけが得られ, これはよりよい定義になっている.

> **よりよい定義**　X は位相空間, S は集合, $\pi: X \twoheadrightarrow S$ は全射とする. S の商位相とは, π を連続にする S の最強の位相である. π を**商写像**（quotient map）という.

　ある性質を満たす最強の位相は, 必ずしも存在するとは限らないことに注意しよう. それは最弱の位相の場合は大した問題ではない. 両者の違いは, 位相の共通部分は常に位相だが, 位相の和集合は必ずしも位相とは限らないことから生じる.

1.3.2　第2の特徴づけ

　1.2.2項では, 部分集合 $Y \subset X$ の位相は, 任意の空間 Z に関する $\mathbf{Top}(Z, Y)$ から決まることを見た. その類似として, 空間から集合への与えられた全射 $\pi: X \twoheadrightarrow S$ に対し, S の位相は, 任意の空間 Z に関する $\mathbf{Top}(S, Z)$ から決まる. S の商位相を特徴づける普遍性とは, 写像 $S \to Z$ が連続になることは, π との合成写像 $X \to Z$ が連続になることと同値であるという性質である.

> **定理1.2**　X は位相空間, S は集合, $\pi: X \to S$ は全射とする. 商位相は次の性質で決まる.
>
> **商位相の普遍的性質**　任意の位相空間 Z と任意の写像 $f: S \to Z$ について, f が連続であることと, $f\pi: X \to Z$ が連続であることは同値である.

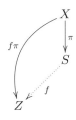

証明 演習問題 10 とする. □

商位相の普遍性から, 位相空間 X から位相空間 Z へのどのような連続写像 $X \to Z$ が, 商空間 S から Z への連続写像 $S \to Z$ を誘導するかわかる. それは, $\pi : X \to S$ のファイバーで定値であるような連続写像 $X \to Z$ である.

■例 1.16 $\pi(t) = (\cos(2\pi t), \sin(2\pi t))$ で定義される写像 $\pi : [0,1] \to S^1$ は商写像である. よって, 任意の空間 Z に対し, 連続写像 $S^1 \to Z$ は π を経由する連続写像 $[0,1] \to Z$ と同じである. つまり, 連続写像 $S^1 \to Z$ と, パス $\gamma : [0,1] \to Z$ で $\gamma 0 = \gamma 1$ を満たすものは同じである. これらはともに Z 内のループである. ■

■例 1.17 射影空間 $\mathbb{RP}^n$ は, 同値関係 $x \sim \lambda x \,(\lambda \in \mathbb{R})$ による $\mathbb{R}^{n+1} \setminus \{0\}$ の商空間である. よって, 射影空間は $\mathbb{R}^{n+1}$ の原点を通る直線の全体であり, これらの直線の集まりに商位相から位相が定まる. ■

■例 1.18 前の例のように, しばしば位相空間は, 馴染みのある空間の点どうしを同一視した商空間として構成される. たとえば以下の図のように, $\mathbb{R}^2$ の正方形 I^2 の向かい合う辺の点どうしを同一視して新しい空間ができる. $I^2/\sim$ の位相は $(x,0) \sim (x,1)$ かつ $(0,y) \sim (1,y)$ を満たす写像 $I^2 \to I^2/\sim$ から得られる.

結果としてできた商空間を**トーラス**(torus)という. 次図のように別の同一視の仕方をすると, **メビウスの帯**(Mobius band)M や**クラインの壺**(Klein bottle)K や**射影平面**(projective plane)$\mathbb{RP}^2$ が得られる.

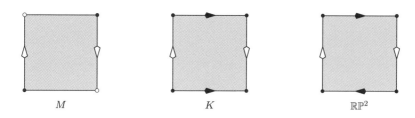

M K $\mathbb{RP}^2$

$\mathbb{RP}^2$ の定義は二つあることに注意する．例 1.17 では空間内の原点を通る直線の集まりとして定義したが，ここでは正方形の商空間として実現した．この二つの構成で得られた空間が同相であることを各自で確かめてみてほしい． ∎

1.4 積空間

$\{X_\alpha\}_{\alpha \in A}$ を位相空間の集まりとする．次の直積集合を考える．

$$X = \prod_{\alpha \in A} X_\alpha$$

X を位相空間にする一つの方法として，以下のような典型的な定義により積位相を入れる．

> **定義 1.4** X の**積位相**（product topology）とは，次の集合族を開基として生成される位相である．
>
> $$\left\{ \prod_{\alpha \in A} U_\alpha \ \middle|\ U_\alpha \subset X_\alpha \text{ は開集合で，有限個を除いて } U_\alpha = X_\alpha \right\}$$

積位相が定義された X を積空間という．

「有限個を除いて」などという面倒な言い回しの定義より，もっとわかりやすい定義があるに違いない．次がそのような定義である．

1.4.1 第1の特徴づけ

0.3.3 項より，X には射影 $\pi_\alpha : X \to X_\alpha$ がある．これらの自然な写像が連続になるような位相はあるだろうか．離散位相はそのうちの一つである．それらの射影を連続にする位相すべての共通部分が，条件を満たす最弱の位相になる．

よりよい定義　$\{X_\alpha\}_{\alpha\in A}$ を位相空間の集まりとし，$X = \prod_{\alpha\in A} X_\alpha$ とする．X の積位相は，すべての射影 π_α が連続になる最弱の位相と定義する．

積位相のよりよい定義が定義 1.4 と同値であることの証明は，各自で行ってほしい．

1.4.2　第 2 の特徴づけ

積位相の第 2 の特徴づけは，直積集合へのどの写像が連続かということである．上の定義と同様に，$\{X_\alpha\}_{\alpha\in A}$ を位相空間の集まりとし，集合 $X = \prod_{\alpha\in A} X_\alpha$ を考える．集合の直積の普遍性より，X への写像はそれぞれの X_α への写像と同じである．よって，任意の空間 Z について，写像 $Z \to X$ が連続であることと，すべての $Z \to X_\alpha$ が連続であることが同じなのは想像に難くない．

定理 1.3　$\{X_\alpha\}_{\alpha\in A}$ を位相空間の集まりとし，$X = \prod_{\alpha\in A} X_\alpha$ とする．$\pi_\alpha : X \to X_\alpha$ は自然な射影とする．X の積位相は次の性質で決まる．

積位相の普遍的性質　任意の位相空間 Z と任意の写像 $f : Z \to X$ について，f が連続であることと，すべての $\alpha \in A$ で $\pi_\alpha f : Z \to X_\alpha$ が連続であることは同値である．

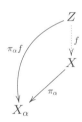

証明　演習問題 8 とする．　　　　　　　　　　　　　　　　　　　　□

■**例 1.19**　$X = \mathbb{R}^2$ とする．任意の写像 $f : S \to X$ は，$fs = (xs, ys)$ と表される．ここで，成分 xs, ys は単純に次の合成で与えられる．

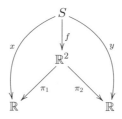

f が連続であるための必要十分条件は x と y が連続であることで，このように $\mathbb{R}^2$ への関数のうちどれが連続かによって，$\mathbb{R}^2$ の位相が決まることを実感するのは有益である． ∎

　しかし注意しよう．$\mathbb{R}^2$ からの関数，より一般に $\mathbb{R}^n$ からの関数は混乱を生じさせることがある．その理由として，われわれは $\mathbb{R}^n$ に慣れ過ぎているので，一方の成分を固定して得られる写像 $\mathbb{R} \to \mathbb{R}^2$ に根拠のない信頼を置き過ぎてしまっているかもしれないことがある．よって，下の図式が示すように「任意の x_0 と y_0 について写像 $x \mapsto f(x, y_0)$ と $y \mapsto f(x_0, y)$ が連続ならば $f : \mathbb{R}^2 \to S$ が連続になる」と勘違いしてはならない．

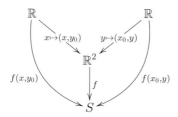

　覚えておくべき例として，次で定義される関数 $f : \mathbb{R}^2 \to \mathbb{R}$ がある．

$$f(x, y) = \begin{cases} \dfrac{xy}{x^2 + y^2} & ((x, y) \neq (0, 0) \text{ のとき}) \\ 0 & ((x, y) = (0, 0) \text{ のとき}) \end{cases}$$

任意の x_0 と y_0 について $f(x, y_0)$ と $f(x_0, y)$ は連続関数 $\mathbb{R} \to \mathbb{R}$ だが，2変数関数の f 自身は連続ではない．

1.5 余積空間

$\{X_\alpha\}_{\alpha \in A}$ を位相空間の集まりとする. 直和集合 $X = \coprod_{\alpha \in A} X_\alpha$ に位相を入れたい. 例によって, 以下のように余積位相の明示的な定義を与える.

定義 1.5 $U \subset X$ が**余積位相** (coproduct topology) の開集合であるとは, $U = \coprod_{\alpha \in A} U_\alpha$ の形をしていることである. ここで, $U_\alpha \subset X_\alpha$ は開集合である.

余積位相が定義された X を余積空間という.

集合として直和には, 各 α に対し自然な包含写像 $i_\alpha : X_\alpha \to \coprod X_\alpha$ があるので, この自然な写像が連続になるような位相にしたい.

1.5.1 第1の特徴づけ

包含写像 i_α が連続になる $\coprod_{\alpha \in A} X_\alpha$ の位相はたくさんある. たとえば, 密着位相はそのうちの一つである. しかし, 適切な位相はすべての $X_\alpha \to \coprod X_\alpha$ が連続になる最強の位相である. これから定義 1.5 と同値である別の定義が導かれ, こちらのほうがよい.

よりよい定義 $\{X_\alpha\}_{\alpha \in A}$ を位相空間の集まりとし, $X = \coprod_{\alpha \in A} X_\alpha$ とする. X の余積位相は, すべての包含写像 i_α が連続になる最強の位相と定義する.

1.5.2 第2の特徴づけ

余積位相の2番目の特徴づけをするために, 0.3.3 項を思い出すと, 集合レベルで X からの写像は, 各 X_α からの写像で決まった. つまり, 任意の集合 Z に対し, 各 $f_\alpha : X_\alpha \to Z$ は一意的に写像 $X \to Z$ に対応する. よって, 次の普遍性により X の余積位相が特徴づけられるのも驚くことではない.

定理 1.4 $\{X_\alpha\}_{\alpha \in A}$ を位相空間の集まりとし, $X = \coprod_{\alpha \in A} X_\alpha$ とする. $i_\alpha : X_\alpha \to X$ を自然な埋め込みとする. X の余積位相は次の性質で決まる.

余積位相の普遍的性質 任意の位相空間 Z と任意の写像 $f : X \to Z$ について, f が連続であることと, すべての $\alpha \in A$ で $f i_\alpha : X_\alpha \to Z$ が連続であることは同値である.

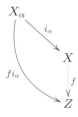

証明　各自で確認せよ.　　　　　　　　　　　　　　　　　　　　　□

■**例 1.20**　任意の集合 X は 1 点集合の直和である.

$$X \cong \coprod_{x \in X} \{x\}$$

位相空間として X が $\coprod_{x \in X}\{x\}$ と同相であることと，X の位相が離散位相であることは同値である.　　　　　　　　　　　　　　　　　　　　■

　ここまでの結果をまとめておく.

- 部分集合 $Y \subset X$ の相対位相は，自然な包含写像 $Y \hookrightarrow X$ が連続になる最弱の位相である. この位相は部分空間に入ってくる写像で決まる.
- 商集合 $X/\sim$ 上の商位相は，自然な射影 $X \to X/\sim$ が連続になる最強の位相である. この位相は商空間から出ていく写像で決まる.
- 集合 $\prod_{\alpha \in A} X_\alpha$ 上の積位相は，自然な射影 $\prod_{\alpha \in A} X_\alpha \to X_\alpha$ が連続になる最弱の位相である. この位相は積空間に入ってくる写像で決まる.
- 集合 $\coprod_{\alpha \in A} X_\alpha$ 上の余積位相は，自然な包含写像 $X_\alpha \to \coprod_{\alpha \in A} X_\alpha$ が連続になる最強の位相である. この位相は余積空間から出ていく写像で決まる.

第 1 と第 3 の構成では「最弱」と「入ってくる」が対になり，第 2 と第 4 の構成では「最強」と「出ていく」が対になっている. この双対性は偶然ではない. 四つの構成それぞれは，より一般の圏論的な構成である極限や余極限の特別な場合である. 極限は入ってくる射で特徴づけられ，余極限は出ていく射で特徴づけられる. 詳細は第 4 章で扱うが，演習問題 12 や 13 でそのことについて少し触れておく.

1.6　ホモトピーとホモトピー圏 ──────────────────

　この章を終えるにあたり，積位相の重要な応用であるホモトピーを取り上げる．連続写像 $f : X \to Y$ から連続写像 $g : X \to Y$ への**ホモトピー**（homotopy）とは，$h(x, 0) = fx$ かつ $h(x, 1) = gx$ を満たす連続写像 $h : X \times [0, 1] \to Y$ のことである（$X \times [0, 1]$ には積位相を考えている）．二つの写像 $f, g : X \to Y$ が**ホモトピック**（homotopic）であるとは，それらの間にホモトピーがあることで，$f \simeq g$ と記す．ホモトピーは $\mathbf{Top}(X, Y)$ に同値関係を定義し，その同値類を**ホモトピー類**（homotopy class）という．f のホモトピー類を $[f]$ で表し，$[X, Y]$ を X から Y への連続写像のホモトピー類の全体とする．ホモトピックな連続写像の合成もホモトピックであり，それにより連続写像のホモトピー類の合成が定義できる．位相空間のホモトピー圏を $\mathbf{hTop}$ とすると，その対象は位相空間で，射は連続写像のホモトピー類である．

$$\mathbf{hTop}(X, Y) := [X, Y]$$

二つの位相空間がホモトピックであるとは，$\mathbf{hTop}$ で同型であることである．つまり，X と Y がホモトピックであるとは，写像 $f : X \to Y$ と $g : Y \to X$ が存在して，$gf \simeq \mathrm{id}_X$ かつ $fg \simeq \mathrm{id}_Y$ を満たすことである．このとき $X \simeq Y$ と書く．**ホモトピー不変**（homotopy invariant）とは，ホモトピー同値で不変な性質である．より詳しく，$X \mapsto X$ かつ $f \mapsto [f]$ で定義される自然な関手

$$\mathbf{Top} \to \mathbf{hTop}$$

が考えられる．$\mathbf{hTop}$ からの関手はホモトピー不変であり，圏 $\mathbf{Top}$ からの関手で，関手 $\mathbf{Top} \to \mathbf{hTop}$ を経由するものを**ホモトピー関手**（homotopy functor）という．

■例 1.21　$\mathbb{R}^n$ は 1 点空間とホモトピックである，つまり $\mathbb{R}^n \simeq *$ である．このことを確かめるため，$f : * \to \mathbb{R}^n$ を $* \mapsto 0$ で定義し，$g : \mathbb{R}^n \to *$ は一意的に定まる写像とする．このとき $gf = \mathrm{id}_*$ で，$h(x, t) = tx$ で定義されるホモトピー $h : \mathbb{R}^n \times [0, 1] \to \mathbb{R}^n$ により，$fg : \mathbb{R}^n \to 0$ は $\mathrm{id}_{\mathbb{R}^n}$ とホモトピックである．$\mathbb{R}^n$ のように 1 点とホモトピックな空間を**可縮**（contractible）という．　■

　制限されたホモトピーの記法がしばしば使われる．たとえば，$\alpha, \beta : [0, 1] \to X$ を x から y へのパスとすると，**パスのホモトピー**（homotopy of paths）は，$h : [0, 1] \times [0, 1] \to Y$ で $h(t, 0) = \alpha t$ かつ $h(t, 1) = \beta t$ および，$h(0, s) = x$ かつ $h(1, s) = y$ を

満たすものと定義される．別の言い方をすれば，パスの両端を固定するようなホモトピーを考える．すなわち，任意の s でパス $t \mapsto h(t, s)$ は x から y へのパスで，$s = 0$ で α に，$s = 1$ で β に一致する．ここで，なぜパスのホモトピーを考える際に端点を固定するのか疑問に思うかもしれない．理由は簡単である．この条件がないと，あまりに多くのパスがホモトピックになるからだ．

　以上のように，ホモトピーはトポロジーにおける重要な概念である．ホモトピーについては，第6章でより詳しく再考する．

演習問題

1.　3点集合に入る位相全体を，それらの包含関係を示す図で表せ．

2.　この章では，$\mathbb{R}^n$ には2通りの位相を入れた．通常の距離関数を用いた距離空間としての位相と，$\mathbb{R}$ の n 個のコピーの直積としての積位相である．両者は等しいことを示せ．

3.　ザリスキー位相が $\operatorname{spec} R$ の位相であることを確かめよ．また，$\operatorname{spec} \mathbb{C}[x]$ や $\operatorname{spec} \mathbb{Z}$ を図示せよ．より高度な問題として，$\operatorname{spec} \mathbb{Z}[x]$ をうまく描け．

4.　位相空間 $(X, \mathcal{T})$ の2点 a と b を結ぶパス $p : [0, 1] \to X$ の例を与えよ．ここで，

$$X = \{a, b, c, d\} \quad \text{および} \quad \mathcal{T} = \{\emptyset, \{a\}, \{c\}, \{a, c\}, \{a, b, c\}, \{a, d, c\}, X\}$$

とする．

5.　（$\mathbb{R}$ や $\mathbb{C}$ 上の）有限次元ベクトル空間上の任意の二つのノルムは同相な位相を定めることを示せ．

6.　l_∞ は l_p $(p \neq \infty)$ と同相ではないことを示せ．

7.　$C([0, 1])$ を $[0, 1]$ 上の連続関数全体の成す集合とする．次はそれぞれ，$C([0, 1])$ 上のノルムを定義する．

$$\|f\|_\infty = \sup_{x \in [0, 1]} |f(x)|$$

$$\|f\|_1 = \int_0^1 |f|$$

これら二つのノルムが定める $C([0, 1])$ 上の位相は相異なることを示せ．

8. 定理 1.3 を示せ．つまり，$X := \prod_{\alpha \in A} X_\alpha$ に積位相を考えると普遍的性質をもつ．そして，X に普遍的性質をもつ位相を考えると積位相になることを示せ．

9. 相対位相と積位相は互いに互換性があるか考える．$\{X_\alpha\}_{\alpha \in A}$ を位相空間の族とする．$\{Y_\alpha\}$ は部分集合の族とする，つまり $Y_\alpha \subset X_\alpha$ である．$Y = \prod_{\alpha \in A} Y_\alpha$ に次の 2 通りの方法で位相を入れることができる．

    (a) 各 Y_α に相対位相を考えて，Y に積位相を入れる．

    (b) $X = \prod_{\alpha \in A} X_\alpha$ に積位相を入れて，部分集合 Y に相対位相を入れる．

    これらは同じ位相だろうか．同じならばそのことを普遍性のみを用いて示せ．違うなら反例を挙げよ．

10. 商位相は 1.3 節の普遍的性質で特徴づけられることを示せ．

11. 商位相と積位相は互いに互換性があるか考える．$\{X_\alpha\}_{\alpha \in A}$ を位相空間の族とする．$\{Y_\alpha\}_{\alpha \in A}$ は集合の族とし，$\{\pi_\alpha : X_\alpha \to Y_\alpha\}$ を全射の族とする．$X = \prod_\alpha X_\alpha$ とすると全射 $\pi : X \to Y$ が定まる．$Y = \prod_{\alpha \in A} Y_\alpha$ に次の 2 通りの方法で位相を入れることができる．

    (a) 各 Y_α に商位相を考えて，Y に積位相を入れる．

    (b) X に積位相を入れて，Y に商位相を入れる．

    これらは同じ位相だろうか．同じならばそのことを普遍性のみを用いて示せ．違うなら反例を挙げよ．

12. X は位相空間で，$f : X \to S$ は全射とする．X の同値関係を $x \sim x' \iff fx = fx'$ で定義する．

$$R = \{(x, x') \in X \times X \mid fx = fx'\}$$

に対し，二つの写像 $r_1 : R \to X$ と $r_2 : R \to X$ を，包含写像 $R \hookrightarrow X \times X$ と二つの自然な射影 $X \times X \to X$ の合成で定義する．

$$R \longhookrightarrow X \times X \overset{\pi_1}{\underset{\pi_2}{\rightrightarrows}} X$$

余イコライザとは何かを調べ，集合 S に商位相を考えると，S が r_1 と r_2 の余イコライザになることを示せ．

13. X は位相空間で $f : S \hookrightarrow X$ は単射とする．$x \sim y \iff x, y \in fS$ で定義される X の同値関係による商空間を $X/\sim$ とする．このとき次の図式が存在する．

$$X \;\underset{c}{\overset{\pi}{\rightrightarrows}}\; X/\!\sim$$

ここで，π は元をその同値類に移す自然な射影で，c は任意の $x \in X$ を fS による同値類に移す定値写像とする．イコライザとは何かを調べ，集合 S に相対位相を考えると，S が π と c のイコライザになることを示せ．

14. この問題は定義から始める．

> **定義 1.6**　X と Y を位相空間とする．写像 $f : X \to Y$ が開（または閉）写像であるとは，X の任意の開（または閉）集合 U に対し，fU が Y の開（または閉）集合であることとする．

$(X, \mathcal{T}_X)$ と $(Y, \mathcal{T}_Y)$ を位相空間とし，写像 $f : X \to Y$ は連続かつ全射とする．
  (a) 開写像だが閉写像ではない f の例を挙げよ．
  (b) 閉写像だが開写像ではない f の例を挙げよ．
  (c) f が開写像または閉写像ならば，Y の位相 $\mathcal{T}_Y$ は Y の商位相 $\mathcal{T}_f$ に等しいことを示せ．

15. 閉円板 D^2 と 2 次元球面 S^2 を考える．

$$D^2 = \{(x, y) \in \mathbb{R}^2 \mid x^2 + y^2 \le 1\}$$
$$S^2 = \{(x, y, z) \in \mathbb{R}^3 \mid x^2 + y^2 + z^2 = 1\}$$

$S^1 \subset D^2$ の任意の点を同一視することで定義される D^2 の同値関係を考える．すると，$D^2 \setminus S^1$ の各同値類は 1 点集合で，∂D^2 が一つの同値類である．商集合 $D^2/\!\sim$ に商位相を入れると S^2 と同相であることを示せ．

第2章 連結性とコンパクト性

Connectedness and Compactness

> トポロジーの昔からの目標の一つは，位相同型で位相空間を分類する，別の言い方をすれば，完全な位相不変量を見つけることである．
> ——サミュエル・アイレンバーグ（Samuel Eilenberg, 1949）

はじめに　第1章では，位相空間の四つの主な構成方法である部分空間，商空間，積空間，余積空間について議論してきた．この章では，これらの構成方法が三つの重要な位相的性質である連結性，ハウスドルフ性，コンパクト性とどのように関連するかを見ていく．たとえば，コンパクト空間の部分空間もコンパクトか，ハウスドルフ空間の商空間もハウスドルフか，連結空間の積空間も連結か，連結空間の余積空間も連結かなどの問題について，順に調べていく．

2.1節では連結性に関する基本的な概念，定理，例を見ていく．ブラウワーの有名な不動点定理の1次元版の主張と，その圏論的証明も扱う．2.2節ではハウスドルフ性について簡潔に触れる．ハウスドルフ性はコンパクト性と組み合わさることでより豊かな性質となり，その点について2.3節で扱う．同じ節で三つの有名な定理，ボルツァノ–ワイエルシュトラスの定理，ハイネ–ボレルの定理，チコノフの定理も紹介する．

2.1　連結性 ───────────────────────────

連結性に関する基本的な考え方から始めよう．はじめに定義を紹介して，主要な結果はその後に述べる．証明の多くは省略するが，古くからある多くのトポロジーの教科書，たとえば Willard (1970), Munkres (2000), Kelley (1955), Lipschutz (1965) などに載っている．

2.1.1 定義，定理，例

定義 2.1 位相空間 X が**連結**（connected）とは，次の互いに同値な条件のいずれかを満たすことである．

(i) X は二つの空集合でない開集合の直和として表せない．

(ii) 任意の連続関数 $f: X \to \{0,1\}$ は定数関数である．ここで，$\{0,1\}$ には離散位相を入れておく．

演習問題 1 はこの二つの定義の同値性を問う問題である．これらは同値だが，本書では二つ目の定義を主に使う．$x \sim' y$ は x と y を含む X の連結部分集合があることと定義すると，X の二項関係 $\sim'$ は同値関係になる．反射律と対称律は明らかで，推移律は定理 2.3 より導かれる．$\sim'$ に関する同値類を X の**連結成分**（connected component）という．しかし連結性については，次のより使いやすい概念がある．

定義 2.2 位相空間 X が**弧状連結**（path connected）とは，X の任意の 2 点 x, y を結ぶパスが存在することである．

位相空間 X における x から y へのパスとは，$\gamma 0 = x$ かつ $\gamma 1 = y$ を満たす写像 $\gamma: I \to X$ のことであった．x と y を結ぶ X のパスが存在するとき $x \sim y$ とすると，X の同値関係が得られる．定値なパスの存在から反射律がわかる．f を x から y へのパスとすると，$g t = f(1-t)$ は y から x へのパスになることから対称律がわかる．推移律については，まずパスどうしの積を定義する．f を x から y へのパスとし，g を y から z へのパスとすると，パスどうしの積 $g \cdot f$ は x から z へのパスであり，最初に x から y へ f で向かい，続いて y から z へ g で向かい，それぞれ 2 倍のスピードで向かう．

$$(g \cdot f)t = \begin{cases} f(2t) & \left(0 \le t \le \dfrac{1}{2}\right) \\ g(2t-1) & \left(\dfrac{1}{2} \le t \le 1\right) \end{cases} \tag{2.1}$$

これにより $\sim$ の推移律がわかり，$\sim$ の同値類を X の**弧状連結成分**（path component）という．本質的に，弧状連結成分は写像 $* \to X$ のホモトピー類である．なぜならば，点 $x \in X$ は写像 $* \to X$ であり，二つの点 $* \to X$ の間のパスは写像の間のホモトピーだからである．X の弧状連結成分全体を $\pi_0 X$ と表す．

これらの基本的な定義に続いて，いくつかの定理を列挙する．この節は標準的な結果を強調しておくことが目的なので，注釈は最小限にとどめる．しかし，定義 2.1 の条件 (i) の代わりに (ii) を多用していることは注意しておく．

定理 2.1 X が（弧状）連結で $f:X \to Y$ が連続ならば，fX も（弧状）連結である．

証明 fX が連結でなければ，定値でない連続写像 $g:fX \to \{0,1\}$ が存在して，$gf:X \to \{0,1\}$ は定数写像でない．次に，X は弧状連結とする．$y,y' \in fX$ に対し，$x,x' \in X$ が存在して $y=fx$ かつ $y'=fx'$ を満たす．仮定より x と x' を結ぶパス $\gamma:I \to X$ が存在するので，$f\gamma$ は y と y' を結ぶ Y のパスである． $\square$

系 2.1 （弧状）連結性は位相的性質である．

商写像は全射かつ連続より，商空間は（弧状）連結性を保つ．

系 2.2 （弧状）連結空間の商空間も（弧状）連結である．

適当な仮定の下で，写像の逆の方向を考えよう．

定理 2.2 X は位相空間で，$f:X \to Y$ は全射とする．商位相で Y は連結で，すべての逆像 $f^{-1}y$ が連結ならば，X も連結である．

証明 $g:X \to \{0,1\}$ は連続写像とする．f の逆像は連結より，f の逆像で g は定値である．よって，g は $f:X \to Y$ を経由し，ある連続写像 $\overline{g}:Y \to \{0,1\}$ が存在して次の図式を可換にする．

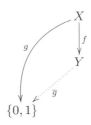

しかし Y は連結より，$\overline{g}$ は定値になり，よって，$g=\overline{g}f$ も定値になる． $\square$

定理 2.3　$X = \cup_{\alpha \in A} X_\alpha$ であり，任意の $\alpha \in A$ で X_α は（弧状）連結とする．$x \in \cap_{\alpha \in A} X_\alpha$ が存在するならば，X は（弧状）連結である．

証明　各自で確認せよ．　　　　　　　　　　　　　　　　　　　　　　□

　定理 2.3 と定理 2.2 は数学における共通した考え方を表している．定理 2.3 には部分空間に分解された空間が登場する．各部分空間（連結である）の情報と（空集合でない）共通部分の情報は全体の情報を与える（連結である）．一方，定理 2.2 では，空間 X は底空間上のファイバーに分解されている．ここでは底空間の情報（連結である）とファイバーの情報（連結である）から全体の情報が得られる（連結である）．このような一部の情報から全体の情報に広げる試みは，数学において何度も現れる．数学に共通してよく現れる別の考え方として，反例を挙げることにより定義を際立たせるということがある．

■例 2.1　写像 $k : \mathbb{Q} \to \{0, 1\}$ を $x < \sqrt{2}$ のとき $kx = 0$，$x > \sqrt{2}$ のとき $kx = 1$ と定義すると k は連続なので，有理数全体 $\mathbb{Q}$ は連結でない．実際，有理数全体は**完全不連結**（totally disconnected），つまり，連結な部分集合は 1 点集合のみである．

　　　　　　　　　　　　　　　　　　　　　　　　　　　　　　　　　■

　例 2.1 は次の問いを導く．$\mathbb{R}$ の連結な部分集合は何だろうか．この本で採用した連結の定義がよい定義なら，区間は連結のはずである．実は，区間以外に連結な $\mathbb{R}$ の部分空間はない．

定理 2.4　$\mathbb{R}$ の連結部分空間は区間である．

証明　A を区間以外の $\mathbb{R}$ の連結部分集合とすると，$x, y \in A$ と $z \notin A$ が存在して $x < z < y$ を満たす．つまり，

$$A = (A \cap (-\infty, z)) \cup (A \cap (z, \infty))$$

は，A を互いに空集合でない二つの A の開集合に分割している．

　逆に，I は区間で，$I = U \cup V$ と空集合ではない I の開集合の直和で表されたとする．このとき，$x \in U$ と $y \in V$ が存在して $x < y$ を満たすと仮定してよい．すると，$U' = [x, y] \cap U$ は空集合ではなく，上に有界なので，$\mathbb{R}$ の完備性より，$s := \sup U'$ が存在する．さらに，$x < s \le y$ かつ I は区間より，$s \in U$ または $s \in V$ となるので，ある $\delta > 0$ が存在して $(s - \delta, s + \delta) \subset U$ または $(s - \delta, s + \delta) \subset V$ となる．もし前

者ならば，s は U' の上界ではない．もし後者ならば，s より真に小さい $s - \delta$ は U' の上界になり，両方とも矛盾を導く．　　　□

上記の証明において定義 2.1 の (ii) の代わりに (i) を使うためには，$\mathbb{R}$ の完備性が必要であった．さて，区間 $I = [0, 1]$ が連結であることを示したので，連結性や弧状連結性に関する有用で一般的な結果を示すことができる．I は連結なので，任意のパスの像は連結である．つまり，$k : X \to \{0, 1\}$ が空間 X からの連続写像ならば，k は任意のパス $\gamma : I \to X$ に沿って一定である．このことから，いくつかの結果がすぐに得られる．

┃定理 2.5　弧状連結ならば連結である．

証明　X を弧状連結とし，$k : X \to \{0, 1\}$ を連続写像とする．X の任意の 2 点をとると，それらをつなぐパスが存在する．このパスの上では k は一定より，これら 2 点での k の値は等しい．よって，k は定値写像である．　　　□

┃定理 2.6　連結や弧状連結はホモトピー不変な性質である．

証明　$f : X \to Y$ をホモトピー同値とし，$g : Y \to X$ とし，$h : Y \times I \to Y$ を fg から id_Y へのホモトピーとする．

X は連結とする．Y が連結であることを示すため，$k : Y \to \{0, 1\}$ を任意の連続写像とし，$y, y' \in Y$ とする．X は連結なので，$kf : X \to \{0, 1\}$ は一定であり，$kfgy = kfgy'$ である．$h(y, -) : I \to Y$ は $h(y, 0) = fgy$ から $h(y, 1) = y$ へのパスであるから，$kfgy = ky$ である．また，$h(y', -) : I \to Y$ は $h(y', 0) = fgy'$ から $h(y', 1) = y'$ へのパスであるから，$kfgy' = ky'$ である．よって，$ky = ky'$ より k は一定である．

次に，X は弧状連結とする．fX は弧状連結より，その補集合のみ気にすればよい．しかし，$y \in Y \setminus fX$ ならば，$h_y = h(y, -) : I \to Y$ は fgy から y へのパスである．言い換えれば，$Y \setminus fX$ の任意の点は，パス h_y により fX の点とつながる．よって，Y も弧状連結である．　　　□

区間 I の連結性は別のよい結果も導く．Nandakumar and Rao (2012) や Ziegler (2015) にも載っている興味深い結果から始めよう．

┃定理 2.7　任意の凸多角形は，面積と周長がともに等しい二つの凸多角形に分割

┃できる.

証明　凸多角形の境界上の点 P に対し, 境界上の点 O が存在して, 線分 OP は多角形を等しい面積をもつ二つの多角形に分割する. なぜならば, P を固定して境界上に別の点 Q をとると, 線分 PQ は二つの多角形に分割する. 左側の多角形の面積と右側の多角形の面積の差は境界上の実数値連続関数で, 負の値も正の値もとる. ここで, 境界は連結より, とり得る値全体も連結, つまり区間となり, 0 を値としてとる.

　次に, 面積を 2 等分する線分 OP について, 点 P を境界上連続に動かしていくと, 反対側の点 O も連続的に動く. このとき P から O までの境界上左回りの距離と右回りの距離の差は, 正にも負にもなる. よって, ある点 O′ において, 左回りと右回りの距離が等しくなる. この線分 O′P で凸多角形を分割すると, 等しい面積と等しい周長をもつ二つの凸多角形が得られる. □

　次の結果は, トポロジーの分野における画期的な定理である. ブラウワーの不動点定理の特別な場合にあたる.

┃**定理 2.8**　任意の連続関数 $f : [-1, 1] \to [-1, 1]$ は不動点をもつ.

証明　$f : [-1, 1] \to [-1, 1]$ は連続関数で, すべての $x \in [-1, 1]$ で $fx \neq x$ を満たすとする. 特に, $f(-1) > -1$ かつ $f(1) < 1$ である. そこで, 関数 $g : [-1, 1] \to \{-1, 1\}$ を

$$gx = \frac{x - fx}{|x - fx|}$$

と定義すると, g は連続で $g(-1) = -1$ かつ $g1 = 1$ である. これは $[-1, 1]$ が連結であることに矛盾する. □

　ブラウワーの不動点定理とは, 「任意の $n \geq 1$ に対し, 任意の連続写像 $D^n \to D^n$ は不動点をもつ」という主張で, 上ではこの定理の $n = 1$ の場合のみを示した. ここで, D^n は n 次元閉円板を表す. $n = 2$ の場合は 6.6.3 項で示され, そこでは基本群とよばれる関手を使う. 実際, $n = 1$ の場合も, 関連した関手である π_0 を用いて以下のような別証明ができる.

2.1.2　関手 π_0

この章の最初のほうで述べたように, 位相空間 X に対し弧状連結成分の全体の集

合 $\pi_0 X$ を対応させること，すなわち $X \mapsto \pi_0 X$ を考える．いま $f : X \to Y$ を連続とし，$A \subset X$ を X の弧状連結成分とする．このとき fA は弧状連結より，Y のただ一つの弧状連結成分に含まれる．よって，A に対し fA を含むただ一つの弧状連結成分を対応させることで，写像 $\pi_0 f : \pi_0 X \to \pi_0 Y$ が定まる．これらのデータが集まって次のような関手を成す．

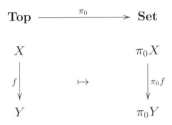

関手が射の合成を保つこと（これをしばしば**関手性**（functoriality）という）は，とても強力である．そのことを示すために，定理 2.8 の証明を π_0 の関手性を用いて再構成してみよう．まず，$f : [-1, 1] \to [-1, 1]$ を連続とする．任意の x で $fx \neq x$ ならば，次で定義される関数 $g : [-1, 1] \to \{-1, 1\}$

$$gx = \frac{x - fx}{|x - fx|} = \begin{cases} -1 & (x < fx \text{ のとき}) \\ 1 & (x > fx \text{ のとき}) \end{cases}$$

は，$\{-1, 1\}$ に離散位相を入れておくと連続になる．よって，$[-1, 1]$ を経由する同相写像 $\{-1, 1\} \to \{-1, 1\}$ が，包含写像 $i : \{-1, 1\} \hookrightarrow [-1, 1]$ と g の合成で得られる．

$$\{-1, 1\} \xhookrightarrow{\ i\ } [-1, 1] \xrightarrow{\ g\ } \{-1, 1\}$$
（上に id の弧）

π_0 を作用させると，集合の間の図式

$$\{-1, 1\} \xhookrightarrow{\ \pi_0 i\ } * \xrightarrow{\ \pi_0 g\ } \{-1, 1\}$$
（上に $\pi_0 \mathrm{id} = \mathrm{id}$ の弧）

が得られるが，いかなる射 $\{-1, 1\} \to *$ も左可逆ではないし，いかなる射 $* \to \{-1, 1\}$ も右可逆ではないので矛盾である．

2.1.3　新しい位相空間の構成方法と連結性

第 1 章において，すでにある位相空間から新しい位相空間を構成する方法を見てきた．この章では，これまで連結性と弧状連結性という二つの位相的性質に注目して議論した．これらの性質と新しい位相空間の構成方法の関係についてはすでにいくつか見てきたが，ここで系統的に，これらの構成方法が連結性を保存するか確かめておこう．系 2.2 で見たように，商は連結性を保存した．一方，部分空間は連結性を保存しない．そのような例は簡単に思いつく．余積も連結性を保存しない．たとえば，二つの連結空間の直和は連結ではない．しかし，和が交わる場合は定理 2.3 を思い出そう．また，次の定理が示すように，積は連結性を保存する．

定理 2.9　$\{X_\alpha\}_{\alpha \in A}$ を（弧状）連結な位相空間の集まりとする．このとき，$X := \prod_{\alpha \in A} X_\alpha$ は（弧状）連結である．

証明　ここでは弧状連結の場合を証明するが，残りは各自で確認してほしい．任意の $\alpha \in A$ について X_α は弧状連結として，$a, b \in X$ とする．X_α は弧状連結より，a_α と b_α とを結ぶパス $p_\alpha : [0,1] \to X_\alpha$ が存在する．積位相の普遍性から，すべての α において $\pi_\alpha p = p_\alpha$ が連続であるような写像 $p : [0,1] \to X$ がただ一つ存在して，p は a から b へのパスになる．　　　　□

ここまで，部分空間，商空間，余積空間，積空間について考えてきた．別の位相的性質に移る前に，連結性と余積についてさらに見ておこう．

任意の位相空間 X は連結成分 $\{X_\alpha\}_{\alpha \in A}$ に分割される．集合として，X は常に連結成分の直和になる．

$$X = \coprod_{\alpha \in A} X_\alpha$$

しかし，X を位相空間として見ると，連結成分の余積空間に同相であったりなかったりする．たとえば，有理数 $\mathbb{Q}$ の連結成分は 1 点集合 $\{r\}$ である．しかし，位相空間としては，$\mathbb{Q}$ と可算な離散空間である $\coprod_{r \in \mathbb{Q}} \{r\}$ は同相ではない（なぜか？）．このことを明確に述べた結果は以下のとおりで，その証明は演習問題 6 としておく．

定理 2.10　次は同値である．

(i) 位相空間 X は連結成分の余積空間である．

(ii) X の連結成分は開集合である．

| (iii) X の連結成分による商空間 $X/\sim$ は離散空間である.

定義 2.1 より, 位相空間が連結であるための必要十分条件は, 2 点からなる離散空間への連続写像が定値写像になることであった. このことを少し圏論的に語ってみよう. 任意の位相空間 X に対してただ一つの連続写像 $X \to *$ が存在する. そして, 2 点からなる離散空間を余積空間 $* \coprod *$ とみなす. いま, X を連結とすると, ちょうど二つの連続写像 $X \to * \coprod *$ が存在する. つまり, それらは二つの定値写像である. X は 1 番目の点に移るか 2 番目の点に移る. よって, 集合 $\mathbf{Top}(X, * \coprod *)$ は 2 点集合で, $\mathbf{Top}(X, *) \coprod \mathbf{Top}(X, *)$ と自然に同型である.

しかし, X が連結でなければ, $\mathbf{Top}(X, * \coprod *)$ は 2 点より多い. たとえば, $X = [0, 1] \cup [2, 3]$ とすると, 四つの連続写像 $X \to * \coprod *$ が存在する. よって, 集合 $\mathbf{Top}(X, * \coprod *)$ は $\mathbf{Top}(X, *) \coprod \mathbf{Top}(X, *)$ と等しくない. これらの観察から, $\mathbf{Top}$ のように余積が定義される任意の圏において, 意味のある連結性の定義が考えられる.

定理 2.11　位相空間 X が連結であるための必要十分条件は, 関手 $\mathbf{Top}(X, -)$ が余積を保つことである.

より詳しい解説として, 圏論好きの読者には nLab (Stacey et al., 2019) の連結性に関する記事を参照することをお勧めする.

新しい位相空間の構成方法について簡単にまとめると, 連結性と弧状連結性は積空間と商空間では保存されたが, 部分空間や余積空間では保存されなかった. このことを覚えておいて, 次に連結性の局所版を見ていこう.

2.1.4　局所（弧状）連結性

定義 2.3　位相空間が**局所連結** (locally connected)（または**局所弧状連結** (locally path connected)）であるとは, 任意の $x \in X$ と x の任意の近傍 $U \subset X$ に対し, 連結（または弧状連結）な x の近傍 V が存在して $V \subset U$ を満たすことである.

■**例 2.2**　$x > 0$ における $fx = \sin(1/x)$ のグラフと, y 軸の $(0, -1)$ から $(0, 1)$ までの部分の和集合を考える. この**トポロジストのサイン曲線** (topologist's sine curve) とよばれる空間は, 連結だが弧状連結ではない（図 2.1）. ■

位相空間 X が局所連結ならば, 連結成分は開集合になることが容易に示せる. こ

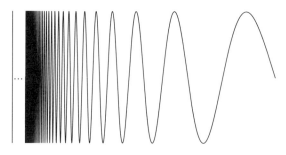

図 2.1　トポロジストのサイン曲線

の事実からわかることがいくつかある．たとえば，定理 2.10 より，局所連結空間は
その連結成分の余積空間である．また，次のこともわかる．

定理 2.12　局所弧状連結な位相空間において，連結成分と弧状連結成分は一致
する．

証明　各自で確認せよ．　　　　　　　　　　　　　　　　　　　　　　□

■**例 2.3**　このことから，例 2.2 のトポロジストのサイン曲線は，連結だが局所連結
ではない．一方，空間 $[0,1] \cup [2,3]$ は，連結ではないが局所連結である．　　■

　この例から，連結性と局所連結性は独立であることがわかる．「連結」を「弧状連
結」に替えても同様のことがいえる．

■**例 2.4**　$C = \{1/n \mid n \in \mathbb{N}\} \cup \{0\}$ とし，$X = (C \times [0,1]) \cup ([0,1] \times \{0\})$ とする．この
X を**櫛空間**（comb space）という．X は弧状連結だが局所弧状連結ではない（図
2.2）．一方，$\mathbb{R}$ の部分空間 $[0,1] \cup [2,3]$ は，局所弧状連結だが弧状連結ではない．　■

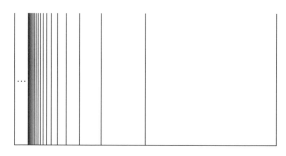

図 2.2　櫛空間

2.2 ハウスドルフ空間

前の節では，空間が互いに交わらない塊に分解できるかを問う連結性について議論した．次に，点どうしが分離できるかという位相的性質を扱う．

> **定義 2.4** 位相空間 X が**ハウスドルフ**（Hausdorff）とは，任意の相異なる 2 点 x と y に対し，$x \in U$ かつ $y \in V$ を満たし互いに交わらない開集合 U と V が存在することである．

まず，ハウスドルフ性は位相的性質だが，ホモトピー不変な性質ではないことを注意しておこう．次に，どのような位相空間の構成方法がハウスドルフ性を保つか見ておく．ハウスドルフ空間の部分空間もハウスドルフだし，ハウスドルフ空間の積空間もハウスドルフだし，ハウスドルフ空間の余積空間もハウスドルフである．しかし，ハウスドルフ空間の商空間はハウスドルフとは限らない．実際，ハウスドルフ空間の商空間は，ハウスドルフでない位相空間を作る際の格好の材料となっている．しかし，商空間をとる操作とハウスドルフ空間は，次の意味でうまく作用し合っている．

> **定理 2.13** 任意の位相空間 X はハウスドルフ空間 H の商空間である．

証明 省略する．Shimrat (1956) を参照． □

> **■例 2.5** 距離空間はハウスドルフである．なぜならば，距離空間の 2 点 x と y が $x \neq y$ を満たすとすると，$d := d(x, y) > 0$ より $B(x, d/2)$ と $B(y, d/2)$ は互いに交わらない開集合になり，x と y を分離するからである． ■

> **定理 2.14** 位相空間 X がハウスドルフであることと，対角線写像 $\Delta : X \to X \times X$ が閉写像であることは同値である．

証明 各自で確認せよ． □

ハウスドルフ性はほかのさまざまな位相的性質と相互作用する．特にコンパクト

性と組み合わせると，豊かな構造をもつ.

2.3　コンパクト性

この節では，コンパクト性の概念を導入しながら例や定理を紹介する. この節の証明は，明らかに圏論的というよりは古典的であるが，失望しないでほしい. その代わり，第5章で圏論的立場からコンパクトハウスドルフ空間を再度扱うので，期待してほしい.

2.3.1　定義，定理，例

> **定義 2.5**　位相空間 X の開集合の集まり $\mathcal{U}$ が X の**開被覆** (open cover) であるとは，$\mathcal{U}$ の元の和集合が X を含むことである. 位相空間 X が**コンパクト** (compact) であるとは，X の任意の開被覆が有限部分被覆をもつことである.

> **定理 2.15**　X がコンパクトで $f : X \to Y$ が連続ならば，fX もコンパクトである.

証明　各自で確認せよ.　　　　　　　　　　　　　　　　　　　　□

> **系 2.3**　コンパクト性は位相的性質である.

コンパクト性のイメージの一つとして，何か小さい感じ，というものがある—濃度の意味ではなく，広がりの意味で. たとえば，無限個の点を単位閉区間内に入れようとすると窮屈な感じがする. 数学的に説明すると，任意の $\varepsilon > 0$ に対し，互いの距離が ε 未満の2点が存在する. しかし，無限個の点を実数直線に入れようとすると，広がりがあるので楽に入る. 実際，単位閉区間はコンパクトで実数直線はコンパクトではない. このアイデアを説明したのが次の定理である. ここで，空間 X の点 x が X の部分集合 F の**極限点**であるとは，x の任意の近傍が $F \setminus \{x\}$ の点を含むこととする.

> **ボルツァノ–ワイエルシュトラスの定理** (Bolzano-Weierstrass theorem)　コンパクト空間内の無限集合は極限点をもつ.

証明　F は無限集合で極限点をもたないとする. x が F の極限点でなく $x \notin F$ とすると，x の開近傍 U_x で F と交わらないものが存在する. x が F の極限点でなく

$x \in F$ とすると，x の開近傍 U_x で $U_x \cap F = \{x\}$ を満たすものが存在する．ここで，$\{U_x\}_{x \in X}$ は X の開被覆である．有限部分被覆 $U_{x_1}, \ldots, U_{x_n}$ が存在したとすると，$(U_{x_1} \cup \cdots \cup U_{x_n}) \cap F \subset \{x_1, \ldots, x_n\}$ となり，F は無限集合という仮定に矛盾する．　□

■**例 2.6**　任意の無限集合が極限をもつコンパクトでない集合も存在するので，前の定理ではコンパクトであることが必ずしも必要ではない．たとえば，$\mathbb{R}$ に $\{(x, \infty) \mid x \in \mathbb{R}\}$ と $\emptyset$ と $\mathbb{R}$ からなる位相を考えると，この空間はコンパクトではないが，（無限であろうとなかろうと，）任意の集合は極限点をもつ（それも無限個）．　■

　一般に，コンパクト性を直接確かめるのは難しい．次の定義 2.6 により，その次の定理 2.16 のような判定法が導かれる．

定義 2.6　$\mathcal{S}$ を集合族とする．$\mathcal{S}$ が**有限交差性**（finite intersection property）をもつとは，任意の有限個の部分集合族 $A_1, \ldots, A_n \subset \mathcal{S}$ に対し，共通部分 $A_1 \cap \cdots \cap A_n \neq \emptyset$ となることである．以下では，有限交差性を FIP と略記する．

定理 2.16　空間 X がコンパクトであるための必要十分条件は，FIP をもつ任意の閉集合族が空でない共通部分をもつことである．

証明　各自で確認せよ．　□

　次もコンパクト性の判定方法の一つである．

定理 2.17　コンパクト空間の閉集合はコンパクトである．

証明　$C \subset X$ はコンパクト空間 X の閉集合で，$\mathcal{U} = \{U_\alpha\}_{\alpha \in A}$ は C の開被覆とする．このとき $X \setminus C$ と $\mathcal{U}$ は X の開被覆を成す．X はコンパクトより，$\mathcal{U}$ の有限部分集合 $\{U_i\}_{i=1}^n$ と $X \setminus C$ で X の開被覆になるものがある．よって，$\{U_i\}_{i=1}^n$ は C の部分被覆である．　□

　さて，コンパクト性とハウスドルフ性がどう相互作用するか見ていこう．まず，ハウスドルフ空間のコンパクト部分集合は，開集合で 1 点から分離できるというとてもよい性質をもつ．

定理 2.18　X はハウスドルフとする．任意の点 $x \in X$ と任意のコンパクト集合

$K \subset X \setminus \{x\}$ に対し，互いに交わらない開集合 U と V が存在して，$x \in U$ かつ $K \subset V$ を満たす．

証明　$x \in X$ として，$K \subset X \setminus \{x\}$ はコンパクトとする．すると，任意の $y \in K$ に対し，互いに交わらない開集合 U_y と V_y が存在して，$x \in U_x$ かつ $y \in Y_y$ を満たす．$\{V_y\}$ は K の開被覆であるから，有限部分被覆 $\{V_1, \ldots, V_n\}$ が存在する．ここで，$U = U_1 \cap \cdots \cap U_n$，$V = V_1 \cup \cdots \cup V_n$ とおくと，U と V は互いに交わらない開集合で，$x \in U$ かつ $K \subset V$ を満たす．　　　　　□

この定理から，二つの重要な系が導かれる．

系 2.4　ハウスドルフ空間のコンパクト集合は閉集合である．

証明　各自で確認せよ．　　　　　□

系 2.5　X がコンパクトで Y がハウスドルフならば，任意の連続写像 $f : X \to Y$ は閉写像である．特に，以下が成り立つ．

- f が単射ならば，埋め込み写像である．
- f が全射ならば，商写像である．
- f が全単射ならば，同相である．

証明　$f : X \to Y$ をコンパクト空間からハウスドルフ空間への連続写像とし，$C \subset X$ を閉集合とする．このとき C はコンパクトなので，fC もコンパクトとなり，fC は閉集合である．　　　　　□

例 1.13 より，すべての全単射連続写像 $f : X \to Y$ が同相とは限らない．一方，系 2.5 は，X がコンパクトで Y がハウスドルフならば同相写像になることを保証している．

2.3.2　新しい位相空間の構成方法とコンパクト性

連結性の議論と同様に，部分空間，商空間，積空間，余積空間の四つの構成方法でコンパクト性が保たれるか考えよう．コンパクト空間の部分空間は一般にコンパクトではないが，定理 2.17 より，コンパクト空間の閉集合はコンパクトだった．また，コンパクト空間の商空間もコンパクトであることをすでに示してあることに気

がつくだろう．1点の無限個のコピーを考えればわかるように，コンパクト空間の余積空間は明らかにコンパクトではない．それでは積空間はどうだろう．これに関していくつか興味深いことがあるので，まずはチコノフの定理といくつかの系から話を始めよう．

チコノフの定理（Tychonoff's theorem）1　コンパクト空間の積空間もコンパクトである．

証明　3.4節を参照．　　　　　　　　　　　　　　　　　　　　　　　　□

系2.6（ハイネ–ボレルの定理（Heine–Borel theorem））　$\mathbb{R}^n$ の部分集合がコンパクトであることと，有界閉集合であることは同値である．

証明　$K \subset \mathbb{R}^n$ はコンパクトとする．K の開被覆として，原点中心の任意の半径の開球を考えると有限部分被覆をもつので，K は有界である．$\mathbb{R}^n$ はハウスドルフで，ハウスドルフ空間のコンパクト部分集合は閉集合より，K は閉集合である．

　逆に（ここでチコノフの定理を使う），$K \subset \mathbb{R}^n$ は有界閉集合とする．K は有界より，K の第 i 座標への射影も有界である．つまり，各 i ごとに区間 $[a_i, b_i]$ が存在して $\pi_i K$ を含む．つまり，$K \subset [a_1, b_1] \times [a_2, b_2] \times \cdots \times [a_n, b_n]$ となる．各 $[a_i, b_i]$ はコンパクトであることから，チコノフの定理から積空間 $[a_1, b_1] \times [a_2, b_2] \times \cdots \times [a_n, b_n]$ もコンパクトである．コンパクト空間の閉集合はコンパクトであることから，K はコンパクトになる．　　　　　　　　　　　　　　　　　　　　　　　　　□

系2.7　コンパクト空間上の実数値連続関数は最大値と最小値をもつ．

証明　各自で確認せよ．　　　　　　　　　　　　　　　　　　　　　　□

　$\mathbb{R}^n$ のコンパクト集合は有界閉集合として特徴づけられることは，解析で馴染みのあることだが，有界性は位相的性質ではないことに注意しよう．たとえば，$\mathbb{R}$ は有界でなく $(0,1)$ は有界であるが，同相写像 $\mathbb{R} \cong (0,1)$ が存在する．また，有界性もコンパクト性もホモトピー不変ではない．

■例2.7　有限集合からなる位相空間と同じく，1点集合 $*$ はコンパクトである．$\mathbb{R}$ はコンパクトではないが $*$ とホモトピー同値なので，コンパクト性はホモトピー不変でない．　　　　　　　　　　　　　　　　　　　　　　　　　　　■

最後に，チューブ補題を紹介する．これはチコノフの定理の系ではないが，コンパクト性と積を扱う．まずは例から示す．

■例 2.8 $(0,0)$, $(1,0)$, $(1,1)$ を頂点とする三角形の内部を U とする．

$$U := \{(x,y) \in \mathbb{R}^2 \mid 0 < x < 1,\ 0 < y < x\}$$

そして，区間 $A = (1/2, 1)$ に対し，集合 $A \times \{1/2\}$ を考える．このとき，任意の $\varepsilon > 0$ に対し $A \times (1/2 - \varepsilon, 1/2 + \varepsilon)$ は U に含まれないが，もし A がコンパクトならどうだろう． ■

チューブ補題（tube lemma） 任意の開集合 $U \subset X \times Y$ と，$K \subset X$ がコンパクトである任意の集合 $K \times \{y\} \subset U$ に対し，二つの開集合 $V \subset X$ と $W \subset Y$ が存在して，$K \times \{y\} \subset V \times W \subset U$ を満たす．

証明 任意の点 $(x,y) \in K \times \{y\}$ に対し，二つの開集合 $V_x \subset X$ と $W_x \subset Y$ が存在して，$(x,y) \in V_x \times W_x \subset U$ を満たす．ここで，$\{V_x\}_{x \in K}$ は K の開被覆であるから，有限部分被覆 $\{V_1, \ldots, V_n\}$ が存在する．このとき，$V = V_1 \cup \cdots \cup V_n$, $W = W_1 \cap \cdots \cap W_n$ は開集合で，$K \times \{y\} \subset V \times W \subset U$ を満たす． □

最後に，コンパクト性の局所版について簡単に触れておこう．

2.3.3 局所コンパクト性

「空間が**局所コンパクト**（locally compact）であるとは，各点の近傍がコンパクト空間の近傍のようになっていることである」として，局所コンパクト性を定義する．

定義 2.7 位相空間 X が局所コンパクトであるとは，各点 $x \in X$ に対しコンパクト集合 K と近傍 U が存在して，$x \in U \subset K$ を満たすこととする．

■例 2.9 コンパクト空間は局所コンパクトであり，離散空間も局所コンパクトである．$\mathbb{R}^n$ も局所コンパクトである．しかし，実数直線に（例 1.3 のように）下極限位相 $\mathcal{T}_{\mathrm{ll}}$ を考えると，局所コンパクトではない． ■

局所コンパクト空間の像は局所コンパクトとは限らない．写像 $\mathrm{id} : (\mathbb{R}, \mathcal{T}_{\mathrm{discrete}}) \to (\mathbb{R}, \mathcal{T}_{\mathrm{ll}})$ はそのような例になっている．それにもかかわらず，局所コンパクト性は位相的性質であることが確かめられる．ハウスドルフ空間における局所コンパクト性

はより強力である.

> **定理 2.19**　X は局所コンパクトかつハウスドルフとする. このとき, 各点 $x \in X$ と x の各近傍 U に対し, x の近傍 V が存在して, 閉包 $\overline{V}$ がコンパクトで $x \in V \subset \overline{V} \subset U$ を満たす.

証明　これは定理 2.18 と局所コンパクトの定義の系である.　　　　　　　□

第 1 章の演習問題 11 で見たように, 積位相と商位相は互換性がないが, 局所コンパクトかつハウスドルフならば, 状況はよくなることを最後に見ておこう.

> **定理 2.20**　$X_1 \twoheadrightarrow Y_1$ と $X_2 \twoheadrightarrow Y_2$ を商写像とし, Y_1 と X_2 が局所コンパクトかつハウスドルフならば, $X_1 \times X_2 \twoheadrightarrow Y_1 \times Y_2$ は商写像である.

証明　定理 5.7 で証明を与える.　　　　　　　　　　　　　　　　　□

演習問題

1. 定義 2.1 の二つの条件は互いに同値であることを示せ.

2. 写像 $f : X \to Y$ が**局所定値** (locally constant) 写像であるとは, 任意の $x \in X$ に対し x の開近傍 U が存在して, $f|_U$ が定値写像になることとする. X が連結で Y を任意の位相空間とするとき, 任意の局所定値写像 $f : X \to Y$ は定値写像かどうか確かめよ.

3. 2 点以上を含む可算な距離空間は非連結になることを示せ. 2 点以上を含む位相空間で可算かつ連結になる例を構成せよ.

4. 例 1.5 の $\mathbb{Z}$ の位相と似たものとして, 次の集合族を開基とする $\mathbb{N}$ の位相を考える.

$$\{ak + b \mid k \in \mathbb{N},\ a, b \in \mathbb{N} \text{ は互いに素}\}$$

この位相について $\mathbb{N}$ は連結であることを示せ (Golomb, 1959).

5. $\{X_\alpha\}_\alpha$ は位相空間の族とする. $\pi_0 \prod X_\alpha \cong \prod \pi_0 X_\alpha$ を示せ. 注：特に, すべての α で $\pi_0 X_\alpha = *$ の場合から, 弧状連結空間の積も弧状連結であることがわかる.

6. 定理 2.10 を証明せよ.

7. 位相空間 X が連結であるための必要十分条件は，関手 $\mathbf{Top}(X, -)$ が余積を保つことであることを示せ.

8. $\mathbb{Q} \subset \mathbb{R}$ は相対位相に関して局所コンパクトではないことを示せ.

9. 二つの局所コンパクトなハウスドルフ空間の積も，局所コンパクトなハウスドルフ空間になることを示せ.

10. 位相空間 X が**準コンパクト**（pseudocompact）とは，X 上の任意の実数値関数が有界であることとする．X がコンパクトならば準コンパクトであることを示せ．また，準コンパクトだがコンパクトではない位相空間の例を挙げよ.

11. 局所コンパクト性が部分空間，商空間，積空間で保存されない例を挙げよ.

12. $\mathcal{U}$ をコンパクト距離空間 X の開被覆とする．ある $\varepsilon > 0$ が存在して，任意の $x \in X$ に対し $B(x, \varepsilon)$ はある $U \in \mathcal{U}$ に含まれることを示せ．このような ε を $\mathcal{U}$ の**ルベーグ数**（Lebesgue number）という.

13. $\mathbb{Z}$ に例 1.5 の算術的位相を考えると，局所コンパクトではないことを示せ.

14. (X, d) をコンパクト距離空間とし，$f : X \to X$ を等長写像とする．つまり，任意の $x, y \in X$ について，$d(x, y) = d(fx, fy)$ を満たすとする．このとき，f は同相写像であることを示せ.

15. X を位相空間とし，$A, B \subset X$ をコンパクトとする．次の主張が正しいか正しくないか確かめよ.
    (a) $A \cap B$ はコンパクトである.
    (b) $A \cup B$ はコンパクトである.
   もし主張が正しくなければ，正しくなるような X の十分条件を挙げよ.

16. $B = \{\{x_n\} \in l_2 \mid \sum_{n=1}^{\infty} x_n^2 \le 1\}$ を l_2 の単位閉円板とする．ここで，l_2 は例 1.8 で定義した位相空間である．B はコンパクトではないことを示せ.

17. Y がコンパクトならば，任意の位相空間 X に対し，射影 $X \times Y \to X$ は閉写像になることを示せ．射影 $X \times Y \to X$ が閉写像にならない位相空間 X と Y の例を挙げよ.

18. ハウスドルフ空間の積もハウスドルフであることを示せ．ハウスドルフ空間の商がハウスドルフでない例を挙げよ.

19. X は任意の位相空間で,Y はハウスドルフ空間とする.部分集合 $A \subset \mathbf{Top}(X, Y)$ が積位相に関してコンパクトな閉包をもつための必要十分条件は,任意の $x \in X$ に対し,集合 $A_x = \{fx \in Y \mid f \in A\}$ が Y でコンパクトな閉包をもつことであることを示せ.

20. 任意の写像 $f : X \to Y$ について,$\Gamma = \{(x, y) \in X \times Y \mid y = fx\}$ を f の**グラフ**(graph)という.X は任意の位相空間で Y はコンパクトかつハウスドルフとする.このとき,Γ が閉集合であることと f が連続であることは同値であることを示せ(これを**閉グラフ定理**(closed graph theorem)という).ここで,Y のコンパクト性は必要だろうか.

21. X がハウスドルフ空間で,$f : X \times Y \to Y$ は閉かつ全射な連続写像で,任意の $y \in Y$ に対し $f^{-1}y$ がコンパクトとする.このとき,Y はハウスドルフ空間になることを示せ.

22. $f : X \to Y$ が連続な全単射で X がハウスドルフならば,Y がハウスドルフかどうか確かめよ.

23. X がハウスドルフであることと,

$$\{(x, x, \ldots) \in X^{\mathbb{N}} \mid x \in X\}$$

が $X^{\mathbb{N}}$ で閉集合であることが同値かどうか確かめよ.

24. コンパクトかつハウスドルフな位相空間は実にバランスがよい.たとえば,$[0, 1]$ を考える.
    (a) $\mathcal{T}$ を通常の $[0, 1]$ の位相より強い任意の位相とすると,$\mathcal{T}$ はコンパクトではないことを示せ.
    (b) $\mathcal{T}$ を通常の $[0, 1]$ の位相より弱い任意の位相とすると,$\mathcal{T}$ はハウスドルフではないことを示せ.

第3章 点列の収束とフィルター

Limits of Sequences and Filters

> 選択公理は明らかに正しそうで，整列可能定理はどう見ても正しくなさ
> そうだ．ではツォルンの補題はどうだろう．
> ——ジェリー・ボナ（Jerry Bona）（Schechter, 1996）

はじめに　　第2章では，位相空間のいくつかの性質を取り上げ，それらと圏論的
な構成との関係を調べた．この章では，再びいくつかの位相的性質について議論す
る．ここではより微細な構造に目を向ける．解析学でまず導入されたように，よい
位相空間 X の性質は，X の点列を用いて記述できる．それらの性質や，点列が記
述できる範囲について考察する．ここで，「よい」という形容詞に気をつけよう．X
が特によい位相空間ではなく，普通の場合はどうだろう．残念ながら一般の位相空
間では，それらの性質を記述するのに点列は適していない．しかし，すべてがダメ
というわけではない．点列の代わりにフィルターというより一般の概念を用いると，
うまくいく．この章ではフィルターを導入し，その効果を見ていこう．

　この章の目標は，解析学でよく知られたアイデアを位相空間で考察することであ
る．よって，ここでは圏論のことはあまり語られない．一方で3.3節において，フィ
ルターは関手的である，つまり，点の一般化のようなものであることを観察する．こ
の見方は，微細な概念を粗く調べる方法を与える．3.1節と3.2節において，閉包，
極限点，点列などの基本的な概念について駆け足で見ていく．3.2節の後半におい
て，なぜ一般の位相空間のある性質は点列で調べられないかを見る．また，うまく
いく「よい」空間を発見する．3.3節ではフィルターを導入し，その例や性質を見
る．これらの結果から，点列では調べられなかった一般の位相空間の性質が，フィ
ルターでは調べられることがわかる．最後に3.4節で，フィルターを用いたとても
簡潔なチコノフの定理の証明を与える．

3.1 閉包と内部

　以下に挙げるのは，解析学で馴染みのあるいくつかの基本的な定義である．位相空間 X の部分集合 B に対し，二つの位相的な構成が考えられる．一つは B の**閉包** (closure) $\overline{B}$ で，B を含む最小の閉集合である．もう一つは B の**内部** (interior) B^o で，B に含まれる最大の開集合である．$\overline{B} = X$ のとき，B は X で**稠密** (dense) であるという．一方，$(\overline{B})^o = \emptyset$ のとき，B は**至る所稠密でない** (nowhere dense) という．

　位相の定義から，内部も閉包も存在することに注意する．たとえば，位相は和に関して閉じているので，内部 B^o は B に含まれる開集合全体の和集合に一致する．これに対し，B に含まれる最大の閉集合や，B を含む最小の開集合は，必ずしも存在するとは限らない．

　点 x が B の**極限点** (limit point)[†]であるとは，x を含む任意の開集合が $B \setminus \{x\}$ の点を含むこととする．閉包 $\overline{B}$ は，B と B の極限点全体の和集合になる．点 x が B の**境界点** (boundary point) であるとは，x を含む任意の開集合が B の点も B の補集合の点も含むことである．

　極限点は閉包や内部を理解する助けになる．よって，極限点を特徴づけるために，解析学からヒントを得ながら点列について調べていこう．

3.2 点 列

定義 3.1　X を位相空間とする．X の**点列** (sequence) とは，写像 $x : \mathbb{N} \to X$ のことである．通常，$x(n)$ を x_n と書き，点列を $\{x_n\}$ で表す．点列 $\{x_n\}$ が $z \in X$ に**収束する**とは，z を含む任意の開集合 U に対し，ある $N \in \mathbb{N}$ が存在して，$n \geq N$ ならば $x_n \in U$ を満たすこととする．$\{x_n\}$ が $z \in X$ に収束するとき，$\{x_n\} \to z$ と書く．点列 x の**部分列** (subsequence) とは，単射な増加関数 $k : \mathbb{N} \to \mathbb{N}$ との合成 xk のこととする．$xk(i)$ を x_{k_i} と書き，部分列を $\{x_{k_i}\}$ と表す．

　いくつか例を見ておこう．

■**例 3.1**　$A = \{1, 2, 3\}$ に位相 $\mathcal{T} = \{\emptyset, \{1\}, \{1, 2\}, A\}$ を考える．このとき，定数列

[†] 訳注：集積点 (accumulation point) ともいう．

$1, 1, 1, 1, \ldots$ は 1 に収束するが，2 にも 3 にも収束する. ∎

■例 3.2　$\mathbb{Z}$ に余有限な位相を考える．このとき，任意の $m \in \mathbb{Z}$ に対し，定数列 $m, m, m, \ldots$ は m にのみ収束する．実際，$l \neq m$ とすると，集合 $\mathbb{Z} \setminus m$ は l を含む開集合で，この列の元を含まない.

　しかし，任意の $m \in \mathbb{Z}$ に対し，数列 $\{n\} = 1, 2, 3, 4, \ldots$ は m に収束する．実際，U を m の任意の近傍とすると，$\mathbb{Z} \setminus U$ は有限個の整数である．$\mathbb{Z} \setminus U$ に含まれる任意の整数より大きな自然数として N を選ぶ．このとき，$n \geq N$ ならば $n \in U$ より，$\{n\} \to m$ となる. ∎

■例 3.3　$\mathbb{R}$ に通常の位相を考える．$\{x_n\} \to x$ ならば，$\{x_n\}$ は任意の $y \neq x$ には収束しないことを示す．まず，$x \in U$ かつ $y \in V$ を満たし，互いに交わらない開集合 U と V が存在する（必要ならば $c = |x - y| / 2$ とおいて，$U = (x - c, x + c)$ と $V = (y - c, y + c)$ のように具体的に表すこともできる）．このとき，ある自然数 N が存在して，すべての $n \geq N$ に対し $x_n \in U$ となる．ここで，$U \cap V = \emptyset$ より，すべての $n \geq N$ に対し V は x_n を含まないので，$\{x_n\}$ は y に収束できない. ∎

　以下で見ていくように，点列を用いて位相空間やその部分空間や，空間の間の写像の性質を調べることができる．その前に，さらに位相的性質の例として，いわゆる「分離」公理を二つ紹介しよう.

> **定義 3.2**　(i) 位相空間 X が T_0 **空間**であるとは，X の元の任意の対 $x, y \in X$ に対し，x は含むが y を含まない開集合が存在することである.
>
>
>
> (ii) 位相空間 X が T_1 **空間**であるとは，X の元の任意の対 $x, y \in X$ に対し，$x \in U$，$y \in V$，$x \notin V$，$y \notin U$ を満たす開集合 U と V が存在することである.
>
>

さらに三つ目の性質として，位相空間 X の元の任意の対 $x, y \in X$ に対し，$x \in U$，$y \in V$，$U \cap V = \emptyset$ を満たす開集合 U と V が存在するとき，X を T_2 **空間**というが，この条件を満たす位相空間はすでにハウスドルフ空間として登場している．フェリックス・ハウスドルフ（Felix Hausdorff）が「近傍空間（neighborhood space）」（Hausdorff and Aumann, 1914）を定義する際にこの公理を最初に用いたので，彼の名前がついている．T_0，T_1，T_2 はすべて位相的な性質であることを注意しておく．

解析学でお馴染みの点列に関する定理をいくつか見ておこう．証明のいくつかは読者に委ねる．先ほど挙げた例を参照するとよいかもしれない．

定理 3.1 位相空間 X が T_1 空間であるための必要十分条件は，定値列 $x, x, x, \ldots$ が x のみに収束することである．

証明 X が T_1 空間であり，$x \in X$ とする．明らかに $x, x, x, \ldots \to x$ となる．$y \neq x$ とすると，ある開集合 U が存在して，$y \in U$ かつ $x \notin U$ を満たす．よって，$x, x, x, \ldots$ は y に収束できない．

逆に X が T_1 空間ではないとする．このとき，相異なる点 x と y が存在して，y のまわりの任意の開集合は x を含む．つまり，$x, x, x, \ldots \to y$ となる． $\square$

定理 3.2 位相空間 X がハウスドルフならば，X の点列は高々 1 点のみに収束する．

証明 X がハウスドルフで，$\{x_n\}$ は数列で $\{x_n\} \to x$ かつ $\{x_n\} \to y$ とする．$x \neq y$ ならば，互いに交わらない開集合 U と V が存在して，$x \in U$ かつ $y \in V$ を満たす．$\{x_n\} \to x$ よりある自然数 N が存在して，すべての $n \geq N$ で $x_n \in U$ となる．$\{x_n\} \to y$ よりある自然数 K が存在して，すべての $n \geq K$ で $x_n \in V$ となる．$M = \max\{N, K\}$ とする．$M \geq N$ かつ $M \geq K$ より $x_M \in U$ かつ $x_M \in V$ となり，これは U と V が互いに交わらないことに矛盾する． $\square$

定理 3.3 A の点列 $\{x_n\}$ が x に収束するならば，$x \in \overline{A}$ である．

証明 各自で確認せよ． $\square$

定理 3.4 $f : X \to Y$ が連続ならば，X の点 x に収束する任意の点列 $\{x_n\}$ に対し，点列 $\{fx_n\}$ は Y の点 fx に収束する．

証明　各自で確認せよ.　　　　　　　　　　　　　　　　　　　　　　　　　□

　定理 3.1 は, T_1 空間と同値な条件を点列の言葉で特徴づける定理だった. よって, ハウスドルフ空間や閉集合や連続写像も点列で特徴づけられると思うかもしれない. つまり, 定理 3.2, 3.3, 3.4 に対しても点列の言葉で同値な条件を与える定理があるだろうか. それは一般に正しくない.

■例 3.4　点列はハウスドルフ空間を特徴づけられない. $\mathbb{R}$ に余可算な位相を考える. この空間はハウスドルフではないが, 任意の収束列の極限は一意的である. ■

■例 3.5　点列は閉集合を特徴づけられない. $X = [0,1]^{[0,1]} := \{$関数 $f : [0,1] \to [0,1]\}$ に積位相を考える. そして, 図 3.1 のように, グラフがのこぎりの歯のような形で, x 軸との交点が有限個の点 $\{0, r_1, \ldots, r_n, 1\}$ で高さが 1 であるような関数からなる X の部分集合を A とする. ゼロ関数は $\overline{A}$ に含まれるが, ゼロ関数に収束する A の点列 $\{f_n\}$ は存在しない.　　　　　　　　　　　　　　■

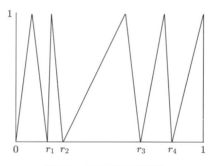

図 3.1　のこぎりの歯関数

■例 3.6　点列は関数の連続性を特徴づけられない. $X = [0,1]^{[0,1]} := \{$関数 $f : [0,1] \to [0,1]\}$ に積位相を考え, 可積分関数からなる X の部分集合を Y とする. $If = \int_0^1 f$ で定義される関数 $I : Y \to \mathbb{R}$ は連続ではないが, $\{f_n\} \to f$ ならば $\{If_n\} \to If$ である.　　　　　　　　　　　　　　　　　■

　これらの例のように, 点列はハウスドルフ性や閉包や連続性を特徴づけられない. 各点のまわりに開集合がたくさんあり過ぎて, 点列ではそれらの位相的性質を調べ切れないからである. しかし, 各点のまわりに開集合があまりたくさんなければ, 点列でそれらの位相的性質を十分に調べ切れる. そのような位相空間を, 第一可算公

理を満たすという.

定義 3.3 X を位相空間とする. 開集合の集まり $\mathcal{B}$ が $x \in X$ の**近傍基** (neighborhood base) であるとは, x を含む任意の開集合 O に対し, 開集合 $U \in \mathcal{B}$ が存在して $x \in U \subset O$ を満たすこととする. X が**第一可算公理を満たす** (first countable) とは, 各点に可算な近傍基が存在することである. X が**第二可算公理を満たす** (second countable) とは, 可算な開基が存在することである.

■**例 3.7** 定義から, X の点 x の開近傍全体 $\mathcal{T}_x$ は, x の近傍基である. ■

■**例 3.8** 距離空間は第一可算公理を満たす. 中心 x, 半径 $1, 1/2, 1/3, \ldots$ の開球全体は x の近傍基になるからである. ■

■**例 3.9** n **次元多様体** (n-dimensional manifold) とは, 第二可算公理を満たすハウスドルフ空間で, 各点が $\mathbb{R}^n$ と同相な近傍をもつ位相空間である. ■

第一可算公理を満たさない位相空間の二つの例が例 3.4, 3.5, 3.6 にある. すなわち, 余可算な位相を考えた $\mathbb{R}$ と, 積位相を考えた $X = [0,1]^{[0,1]} := \{$関数 $f : [0,1] \to [0,1]\}$ である. しかし, 距離空間のような第一可算公理を満たす位相空間においては, 点列は分離性, 閉包, 連続性を特徴づけることができる. 別の言い方をすれば, これらの特別な場合には, 定理 3.2, 3.3, 3.4 は必要十分な主張になる.

定理 3.5 X は第一可算公理を満たすとする. X がハウスドルフであるための必要十分条件は, X の点列が高々 1 点のみに収束することである.

証明 X は第一可算公理を満たすとする. X がハウスドルフでないならば, 開集合で分離できない x と y が存在する. $U_1, U_2, \ldots$ を x の可算な近傍基とし, $V_1, V_2, \ldots$ を y の可算な近傍基とする. 各 n ごとに $x_n \in U_n \cap V_n \neq \emptyset$ を選ぶ. このとき, 点列 $\{x_n\}$ は x にも y にも収束する部分列を含む. □

定理 3.6 X は第一可算公理を満たし, $A \subset X$ とする. $x \in \overline{A}$ であるための必要十分条件は, A の点列 $\{x_n\}$ が存在して $\{x_n\} \to x$ となることである.

証明 各自で確認せよ. □

定理 3.7 X と Y は第一可算公理を満たすとする. 関数 $f : X \to Y$ が連続である

ための必要十分条件は，X の点 x に収束する任意の点列 $\{x_n\}$ に対し，点列 $\{fx_n\}$ が Y の点 fx に収束することである．

証明　各自で確認せよ．　　　　　　　　　　　　　　　　　　　　　　□

　第一可算公理を満たす位相空間において点列は分離性や閉包や連続性を特徴づけられるにもかかわらず，一般の位相空間ではうまく行かない理由は，点列が可算だからである．もし，一般の位相空間でこれら三つの性質の同値な特徴づけを与える定理が欲しいならば，収束についてより正確に判定できるように点列を一般化する必要がある．この一般化が次の節の話題である．アイデアを紹介するため，ここで簡単な洞察を与えておこう．

　位相空間 X の点列 $\{x_n\}$ に対し，いずれこの点列を含む集合の集まりを考える．

$$\mathcal{E}_{x_n} := \{A \subset X \mid \text{ある } N \text{ が存在してすべての } n \geq N \text{ について } x_n \in A\} \quad (3.1)$$

次がポイントである．

> 点列 $\{x_n\}$ が x に収束する必要十分条件は，x の近傍基 $\mathcal{T}_x$ が $\mathcal{E}_{x_n}$ に含まれることである．

よって，収束を理解することは $\mathcal{E}_{x_n}$ を理解することと等しい．このことから，点列をどう一般化すればよいかがすぐにわかる．「いずれ点列を含む集合の集まり」という概念を抽象化すればよい．カルタン (Cartan, 1937 b) は収束を理解するため，点列を一般化した概念として，1937 年にフィルターを導入した．以下ですぐわかるように，第一可算公理を満たすとは限らない一般の位相空間においても三つの位相的性質を特徴づけるためには，まさにフィルターが必要である．

3.3　フィルターと収束 ────────────────────────

　フィルターとは，空間内の点や位置を指し示す，（かなり大まかな）代数的な地図のようなものである．より詳しくいうと，それはポセット（順序集合）の部分集合である．この章では，ある集合 X のベキ集合であるポセットに焦点を当てる．つまり，ある集合の部分集合からなるフィルターを考える．次が定義である．

> **定義 3.4**　集合 X 上の**フィルター**（filter）とは，部分集合の集まり $\mathcal{F} \subset 2^X$ で次を満たすものである．
>
> (i) 下向きに有向：$A, B \in \mathcal{F}$ に対し $C \in \mathcal{F}$ が存在して $C \subset A \cap B$
> (ii) 空集合ではない：$\mathcal{F} \neq \emptyset$
> (iii) 上向きに閉じている：$A \in \mathcal{F}$ かつ $A \subset B$ ならば $B \in \mathcal{F}$
>
> 次の追加の条件も有用である．
>
> (iv) **真のフィルター**（proper filter）である：ある $A \subset X$ が存在して $A \notin \mathcal{F}$

　よって，フィルターはベキ集合 2^X の部分集合で，下向きに有向で，空集合ではなく，上向きに閉じている．ここでいくつかコメントしておくことがある．下向きに有向で上向きに閉じていることから，有限個のフィルターの共通部分もフィルターである．また，真のフィルターであることは，$\emptyset \notin \mathcal{F}$ で言い換えられる．たとえば，2^X 自身もフィルターで，**真ではないフィルター**（improper filter）とよばれている．下向きに有向で空集合ではない集合は**フィルター基底**（filter base）とよばれている．任意のフィルター基底はフィルターを生成する．上向きに閉じるよう元を増やせばよいからである．

　第 0 章で，ポセットは圏とみなせることを見た．対象は集合の元で，射は順序関係の対である．よって，フィルターにも圏論的な表示があると期待され，実際そうである．ポセット 2^X において，任意の元の対 $A, B \in 2^X$ は共通部分 $A \cap B$ という最大下限をもつという観察から始める．同じ性質をもつ別のポセットとして，二つの元からなるポセット $\mathbf{2} := \{0 \leq 1\}$ を考えよう．$a, b \in \mathbf{2}$ に対し，それらの最大下限である**交わり**（meet）$a \wedge b$ を次のように定義する．

$$0 \wedge 0 = 0, \quad 0 \wedge 1 = 0, \quad 1 \wedge 0 = 0, \quad 1 \wedge 1 = 1$$

交わりを保つ，つまり，$f(A \cap B) = fA \wedge fB$ を満たす任意の順序を保つ写像 $f : 2^X \to \mathbf{2}$ は，フィルター $f^{-1}1$ を定義する．この主張を証明するのは簡単である．束論の言葉では，f は**束準同型**（meet-semilattice homomorphism）という．圏論の言葉では**連続関手**（continuous functor）という．

　実際，ポセットである 2^X と $\mathbf{2}$ は圏で，順序を保つ写像はそれらの間の関手である．交わりは，第 4 章で扱うより一般の圏論的構成である極限の例で，極限を保つ

関手を定理 3.4 になぞらえて連続という. つまり, フィルターは連続関手 $2^X \to 2$ から生じる.

■**例 3.10** 任意の集合 X に対し, **自明なフィルター** (trivial filter) $\mathcal{F} = \{X\}$ は真のフィルターである. より一般に, 任意の空集合でない部分集合 $A \subset X$ に対し, A を含む集合の全体は真のフィルターである. ∎

■**例 3.11** 真のフィルターの別の例として, 式 (3.1) の点列 $\{x_n\}$ に付随した**終局フィルター** (eventuality filter) $\mathcal{E}_{x_n}$ がある. その点列がいずれ入ってくるような集合の集まりということで, この名前がついている. ∎

■**例 3.12** 集合 X の余有限な部分集合の全体

$$\mathcal{F} := \{A \subset X \mid X \setminus A \text{ は有限集合}\}$$

はフィルターになり, **フレッシェ・フィルター** (Fréchet filter) という. X が無限集合ならば, フレッシェ・フィルターは真のフィルターである. ∎

■**例 3.13** 位相空間 $(X, \mathcal{T})$ において, 点 x の開近傍全体 $\mathcal{T}_x$ は近傍基を成すが, 一般にフィルターにならない. その理由は単純で, 一般に, x の開近傍を含む集合が必ずしも開集合とは限らないからである. しかし, この近傍という用語に関しては数学者の間で違いがある. Kelly (1955) では, 「x の近傍」とは「x を含む開集合を含む集合」のことである. その他, たとえば Munkres (2000) では, 近傍とは開近傍のことである. 本書の場合, フィルター基底 $\mathcal{T}_x$ は, x の (開集合とは限らない) 近傍からなるフィルターを生成する. ∎

収束に関連してフィルターを導入した. 位相空間の点列がある点 x に収束する必要十分条件は, その点列の終局フィルターがフィルター基底 $\mathcal{T}_x$ を含むことである. これが次の定義の動機となる.

| **定義 3.5** 位相空間 $(X, \mathcal{T})$ 上のフィルター $\mathcal{F}$ が **x に収束する** (converge to x) とは, $\mathcal{F}$ が $\mathcal{T}_x$ より細かい, つまり $\mathcal{T}_x \subset \mathcal{F}$ を満たすこととする. $\mathcal{F}$ が x に収束するとき, $\mathcal{F} \to x$ と書く.

■**例 3.14** 実数列 $\{x_n\} := \{1, -1, 1/2, -1, 1/4, -1, 1/8, \ldots\}$ は収束しないが, 部分列 $\{x_n\} := \{1, 1/2, 1/4, 1/8, \ldots\}$ は収束する. このことは, 終局フィルターの言

葉で説明でき，それは点列の議論とそう違いはない．注意点は以下である．終局フィルター $\mathcal{E}_{x_{2n}}$ は，ある N が存在して，すべての $n \geq N$ に対し $1/2^n \in A$ を満たすような $A \subset \mathbb{R}$ の全体である．$\mathcal{E}_{x_{2n}} \to 0$ はすぐに確認できる．しかし，各 A が -1 を含まなければならないことを除いて，終局フィルター $\mathcal{E}_{x_n}$ は $\mathcal{E}_{x_{2n}}$ と同じように表される．よって，$\mathcal{E}_{x_n} \subset \mathcal{E}_{x_{2n}}$ となる． ∎

この例は，部分列をとると終局フィルターは大きくなることを示している．終局フィルターに属するための条件が緩くなるからである．極端な例として，真でないフィルター $\mathcal{F} = 2^X$ は X のすべての元に収束する（それにもかかわらず，どんな点列の終局フィルターでもない）．

この時点で，フィルターはハウスドルフ性，閉包，連続性の特徴づけを与えるという当初の主張を思い出しておこう．最初の二つの証明はもうできる．

定理 3.8 位相空間がハウスドルフであるための必要十分条件は，真のフィルターが収束するなら，その極限は一意的であることである．

証明 X はハウスドルフで，真のフィルター $\mathcal{F}$ が $x \neq y$ である x と y に収束すると仮定する．このとき，$U \cap V = \emptyset$ を満たす x の開近傍 U と y の開近傍 V が存在する．収束することから $U, V \in \mathcal{F}$ である．$\mathcal{F}$ はフィルターより $\emptyset = U \cap V \in \mathcal{F}$ となるが，これは $\mathcal{F}$ が真のフィルターであるという仮定に矛盾する．

一方，もし X がハウスドルフでなければ，開集合で分離できないような相異なる 2 点 x と y が存在する．ここで，

$$\mathcal{B} = \{ U \cap V \mid U, V \text{ は開集合で } x \in U, \, y \in V \}$$

とする．$\mathcal{B}$ は下向きに有向で空集合ではないことから，フィルター基底になる．よって，$\mathcal{B}$ が生成するフィルター $\mathcal{F}$ は，x にも y にも収束する． □

定理 3.9 位相空間 X の部分集合 A に対し，$x \in \overline{A}$ であるための必要十分条件は，A を含む真のフィルター $\mathcal{F}$ が存在して $\mathcal{F} \to x$ となることである．

証明 まず最初に，$x \in \overline{A}$ であるための必要十分条件は，x の任意の近傍が A と交わることであり，さらにその条件は，フィルター基底 $\mathcal{B} = \{U \cap A\}_{U \in \mathcal{T}_x}$ が空集合を含まないことと同値であることに注意しておく．よって，$x \in \overline{A}$ ならば，$\mathcal{B}$ は真のフィルターを生成する．逆に，真のフィルター $\mathcal{F}$ が x に収束して A を含むならば，

$\mathcal{B} \subset \mathcal{F}$ となるので，$\mathcal{B}$ は空集合を含まない． □

　次の定理 3.10 で，フィルターが連続性を識別することを示す．そのために，写像とフィルターの関係をまず見ておこう．

定義 3.6　X 上のフィルター $\mathcal{F}$ と写像 $f : X \to Y$ に対し，$\mathcal{F}$ の像 $\{fA \mid A \in \mathcal{F}\}$ はフィルター基底になる．この基底で生成されたフィルター $f_*\mathcal{F}$ を，f による $\mathcal{F}$ の**押し出し**（pushforward）という．具体的には以下のとおりである．

$$f_*\mathcal{F} := \{B \subset Y \mid \text{ある } A \text{ が存在して } fA \subset B\}$$

この定義において「生成する」ことは必要で，実際，フィルターの像はフィルターになるとは限らない．たとえば，f が全射でなければ，フィルターの像は Y を含むことができないので，上向きに閉じていない．

■**例 3.15**　簡単な例として $f_*\mathcal{E}_{x_n} = \mathcal{E}_{fx_n}$ が挙げられる．別の言い方をすれば，点列の終局フィルターの押し出しは，点列の押し出しの終局フィルターである． ■

　次が示したかった定理である．

定理 3.10　写像 $f : X \to Y$ が連続であるための必要十分条件は，X の任意のフィルター $\mathcal{F}$ に対し，$\mathcal{F} \to x$ ならば $f_*\mathcal{F} \to fx$ となることである．

証明　X 上のフィルター $\mathcal{F}$ が $\mathcal{F} \to x$ を満たし，$f : X \to Y$ が連続と仮定する．$\mathcal{T}_{fx} \subset f_*\mathcal{F}$ を示したい，つまり，任意の $B \in \mathcal{T}_{fx}$ に対し $A \in \mathcal{F}$ が存在して $fA \subset B$ となることを示す．そのために $A = f^{-1}B$ とすると，連続性より $f^{-1}\mathcal{T}_{fx} \subset \mathcal{T}_x$ が成り立ち，これは $A \in \mathcal{T}_x$ を意味する．$\mathcal{F} \to x$ より $\mathcal{T}_x \subset \mathcal{F}$ なので，$A \in \mathcal{F}$ となる．

　逆に，任意のフィルター $\mathcal{F}$ に対し，$\mathcal{F} \to x$ ならば $f_*\mathcal{F} \to fx$ となると仮定する．$\mathcal{F}$ として $\mathcal{T}_x$ が生成するフィルターをとると，$f_*\mathcal{F} \to fx$ つまり $\mathcal{T}_{fx} \subset f_*\mathcal{F}$ となる．つまり，任意の $B \in \mathcal{T}_{fx}$ に対し，$\mathcal{T}_x$ のある集合 A が存在して $fA \subset B$ となる．このことから f は連続である． □

　よって，フィルターに対し，任意の位相空間において三つの定理が成立する．

任意の位相空間		第一可算公理を満たす空間
（フィルターに関して）		（点列に関して）
定理 3.8	ハウスドルフ	定理 3.5
定理 3.9	閉包	定理 3.6
定理 3.10	連続	定理 3.7

　目標に到達したので，この章はここで終わりと思うかもしれないが，それは早すぎる．フィルターについてまだいっておくべきことがある．点列についての十分条件を述べた定理は，フィルターについての特徴づけを与える定理に昇格した．しかし，フィルターは，コンパクト性についてもさらに目覚ましい役割を果たす．そのことを示すため，第 2 章で紹介したが証明はまだしていなかったチコノフの定理のとても簡明な証明を，次の節で与える．

3.4　チコノフの定理

　この節の目標は次の定理を証明することである．

チコノフの定理 2　コンパクト空間の任意の集まり $\{X_\alpha\}_{\alpha \in A}$ に対し，積空間 $\prod_{\alpha \in A} X_\alpha$ もコンパクトである．

　有限個のコンパクト空間の積がコンパクトになることは，一般の場合と比べてより簡単に示すことができる．たとえば，Munkres の Topology (2000) の chapter 3 ではコンパクト性が扱われていて，そこでは有限個のコンパクト空間の積がコンパクトになることが示されている（Theorem 26.7）．一般の場合の証明は，可算性や分離性の長々とした議論の章の後に，第 5 章で示される（Theorem 37.3）．Shaum のアウトラインシリーズ（Lipschutz 1965）では chapter 12 でチコノフの定理が述べられているが，証明は演習問題に追いやられている．一般の場合の証明には，選択公理（またはそれと同値な主張）が必要である（この本の定理 3.14 を参照）．

　もう少しフィルターについて準備をした後に，Cartan による証明（1937 a）と似たものを紹介する．その準備とは，以下で導入する超フィルターという特殊なフィルターに関するものである．しばらくは，超フィルターに関する重要な結果のアイデアについて時間をかけて見ていく．そして，最後に 3.4.2 項において，チコノフの定理をわずか数行で簡潔に証明する．

3.4.1　超フィルターとコンパクト性

超フィルターとは**極大フィルター**（maximal filter）のことで，単に言い換えただけである．

定義 3.7　集合上の真のフィルターが**超フィルター**（ultrafilter）であるとは，別の真のフィルターの真部分集合ではないことである．

この定義ではほかの真のフィルターと比較しなければならないので，定義の仕方としてはうまくない．その他すべての真のフィルターと比較することなしに特徴づけられる定義が一番よく，幸いにもそのような超フィルターの特徴づけが実際に存在する．

命題 3.1　集合 X 上のフィルター $\mathcal{U}$ が超フィルターであるための必要十分条件は，以下が成り立つことである：任意の部分集合 $A \subset X$ について，$A \notin \mathcal{U}$ であるための必要十分条件は，ある $B \in \mathcal{U}$ が存在して $A \cap B = \emptyset$．

証明　$\mathcal{U}$ を超フィルターとする．このとき $A \notin \mathcal{U}$ であるための必要十分条件は，$\mathcal{U} \cup \{A\}$ で生成されるフィルターがベキ集合 2^X に一致することである．生成されたフィルターは，ある $B \in \mathcal{U}$ との共通部分 $B \cap A$ を含む集合の全体からなる．これは，空集合がある $B \in \mathcal{U}$ との共通部分 $B \cap A$ で表されることと同値である．空集合は任意の集合の部分集合なので，結果が従う．

逆に，$\mathcal{U}$ は条件を満たすフィルターとし，$\mathcal{F}$ は $\mathcal{U}$ を真に含むフィルターとする．よって，少なくとも一つの $A \in \mathcal{F}$ は $\mathcal{U}$ に含まれない．仮定より，A に交わらない $B \in \mathcal{U}$ が存在する．しかし $\emptyset = A \cap B \in \mathcal{F}$ より，$\mathcal{F}$ は上向きに閉じていることから，真ではないフィルターになる．　　　　□

超フィルターでない例と超フィルターの例を挙げよう．

■例 3.16　X が 2 点以上含むなら，自明なフィルター $\{X\}$ は超フィルターではない． ■

■例 3.17　集合 X の任意の点 x に対し，x における**単項フィルター**（principal filter）$\{A \subset X \mid x \in A\}$ は超フィルターである ■

この章ではベキ集合上のフィルターを定義したが，「下向きに有向，空集合でない，上向きに閉じている」という定義は任意のポセットで意味がある．次の例は，その

点をうまく説明している．一般のポセットでのフィルターは有用で，自然な研究対象である．リーマン積分がまさにそのような例である．

■**例 3.18** $f:[a,b]\to\mathbb{R}$ を有界関数とし，$(\mathcal{P},\preceq)$ を $[a,b]$ の分割の集合に，細分で順序を入れたポセットとする．任意の分割 $P=\{a=x_0<x_1<\cdots<x_n=b\}$ は次の二つの実数を定義する．

$$u_P:=\sum_{i=1}^n\sup(f|_{[x_{i-1},x_i]})(x_i-x_{i-1}),\quad l_P:=\sum_{i=1}^n\inf(f|_{[x_{i-1},x_i]})(x_i-x_{i-1})$$

同様に，$\mathcal{P}$ での任意のフィルター $\mathcal{F}$ は，次のような $\mathbb{R}$ 上の二つのフィルターを定義する．

$$\mathcal{B}_u(\mathcal{F})=\{U\subset\mathbb{R}\mid\text{ある }Q\in\mathcal{F}\text{ が存在して，}Q\preceq P\text{ ならば }u_P\in U\}$$

および

$$\mathcal{B}_l(\mathcal{F})=\{U\subset\mathbb{R}\mid\text{ある }Q\in\mathcal{F}\text{ が存在して，}Q\preceq P\text{ ならば }l_P\in U\}$$

$\mathcal{P}$ での任意の超フィルター $\mathcal{U}$ に対し，$\mathcal{B}_u(\mathcal{U})$ と $\mathcal{B}_l(\mathcal{U})$ は実数に収束する．関数 f がリーマン可積分であるための必要十分条件は，それらが同じ実数に収束することである．その場合に収束する値を積分 $\int_a^b f$ という．よって超フィルターや，分割の間の自然な順序により，分割のノルムやメッシュの議論が，元々備わっている順序を扱う議論に置き換わる（圏論的構成の場合と同様に，フィルターは収束する値の存在を反映しているだけで，その値がいくらか計算できるわけではない）．　　　■

　確認しておくと，すべてのフィルターの議論はベキ集合以外でも可能である．しかし，ベキ集合での設定は都合がよい．ベキ集合でのフィルターは，より一般のフィルターがもっていない特別な性質をもっている（演習問題 12）．特に，この章でのフィルターはベキ集合上のフィルターなので，極大性は素であるという別の性質と同値である．つまり，X 上の超フィルターは X 上の素フィルターと同値である．この言い換えはコンパクト性の簡単な特徴づけを与え，最終的にチコノフの定理の簡明な証明を与える．

定義 3.8 集合 X 上のフィルター $\mathcal{F}$ が**素フィルター**（prime filter）であるとは，真のフィルターであり，任意の $A,B\subset X$ に対し次を満たすことである．

$A \cup B \in \mathcal{F}$ ならば $A \in \mathcal{F}$ または $B \in \mathcal{F}$ である.

定理 3.11　X 上のフィルター $\mathcal{F}$ が極大フィルターである必要十分条件は，素フィルターであることである.

証明　$\mathcal{F}$ は X 上の極大フィルターだが素フィルターではないと仮定する. このとき $A, B \subset X$ が存在して，$A \cup B \in \mathcal{F}$ だが A も B も $\mathcal{F}$ の元ではない. つまり，$A', B' \in \mathcal{F}$ が存在して $A \cap A' = \emptyset = B \cap B'$ を満たす. このことは $(A \cup B) \cap (A' \cup B')$ が空集合であることを意味し，それは $A \cup B \notin \mathcal{F}$ と同値なので明らかに矛盾である.

　次に，$\mathcal{F}$ は素フィルターだが極大フィルターではないと仮定する. よって，$\mathcal{F}$ を真部分集合として含む真のフィルター $\mathcal{G}$ が存在する. このとき空集合でない $A \in \mathcal{G}$ が存在して，$A \in \mathcal{G}$ かつ $A \notin \mathcal{F}$ を満たす. ここで，$X \setminus A \notin \mathcal{F}$ となる. もしそうでないと，$X \setminus A \in \mathcal{G}$ となり $\mathcal{G}$ は A も $X \setminus A$ も含み，$\mathcal{G}$ は真のフィルターでなくなるからである. しかし，$A \cup (X \setminus A) = X \in \mathcal{F}$ より，$\mathcal{F}$ が素フィルターという仮定に反する. □

　以下では，この定理を用いて，コンパクト空間の簡明な特徴づけを与える. この定理の主張に関係なく，極大であることと素であることの違いを認識しておいたほうがよい. その理由はいくつかある. まず第1に，先ほど触れたように，より一般的な設定では極大であることと素であることは同値ではない. 二つの違いを認識しておくことで直感力が強化される. 第2に，そもそも素フィルターを構成するのは難しい. しかし，以下ですぐ見るように，真のフィルターはある超フィルターに必ず含まれ，超フィルターは素フィルターであるという事実を使えばよい. 最後に，以下で示す定理は素フィルターの言葉で語られている. その理由は，像は和をとる操作と可換なので，素フィルターの押し出しも素フィルターだからである. よって，違いを認識していると，定理がより簡単に証明できる. もし素フィルターが必要ならば，真のフィルターを含む極大フィルターを考えればよい. 構成方法がフィルターを押し出す操作を含んでいれば，素フィルターは助けになってくれる. さて，コンパクト性に向かう前に，すべての真のフィルターは極大フィルターに含まれることを示そう. ここで，ツォルンの補題を取り上げる.

ツォルンの補題（Zorn's lemma）　空集合ではないポセット P の任意の鎖[†] が P において上に有界ならば，P は極大元をもつ.

---

† 訳注：鎖とは，空集合でない全順序部分集合のこと.

超フィルター補題（ultrafilter lemma）　任意の真のフィルターは，ある超フィルターに含まれる．

証明　任意のフィルターの集合 $\{\mathcal{F}_\alpha\}_{\alpha\in A}$ は，$\{\mathcal{F}_\alpha\}$ の元の有限個の交わりで生成されるフィルターによって上に有界である．$\{\mathcal{F}_\alpha\}$ が真のフィルターの鎖のとき，この上界も真のフィルターになる．よって，与えられた真のフィルター $\mathcal{F}$ に対し，$\mathcal{F}$ を含む真のフィルターの鎖は，真のフィルターからなる上界をもつ．このとき，ツォルンの補題より，$\mathcal{F}$ を含む極大フィルターが存在する．　　　　□

系 3.1　任意の無限集合上に，単項でない超フィルターが存在する．

証明　フレッシェ・フィルター $\mathcal{F} := \{A \subset X \mid X \setminus A \text{ は有限集合}\}$ に超フィルター補題を用いて，$\mathcal{F}$ を含む超フィルター $\mathcal{U}$ を得る．$\mathcal{U}$ が有限集合を含めば，その（余有限な）補集合も含むので $\emptyset \in \mathcal{U}$ となる．これは $\mathcal{U}$ が真のフィルターであることに矛盾する．　　　　□

　この結果の意味合いを正しく理解するため，例 3.17 を思い出そう．単項フィルターではない超フィルターを思いつくのは難しいし，その存在を示すことはまったく自明ではない．その構成には超フィルター補題が必要だった．超フィルター補題は，予告していたコンパクト性の特徴づけも与える．

定理 3.12　空間 X がコンパクトであるための必要十分条件は，任意の素フィルターが収束することである．

証明　素フィルター $\mathcal{F}$ はいかなる点 $x \in X$ にも収束しないと仮定する．つまり，任意の x に対し，ある $U_x \in \mathcal{T}_x \setminus \mathcal{F}$ が存在すると仮定する．このとき，集合 $\{U_x\}_{x \in X}$ は開被覆になる．コンパクト性より，有限部分被覆 $\{U_{x_i}\}_{i=1}^n$ が存在する．よって，$U_{x_1} \cup \cdots \cup U_{x_n} = X \in \mathcal{F}$ となる．ここで，$\mathcal{F}$ は素フィルターより，ある i が存在して $U_{x_i} \in \mathcal{F}$ となり，矛盾である．

　次に，X がコンパクトでないと仮定する．共通部分が空集合で，有限交叉性をもつ閉集合の集まり $\mathcal{V}$ を選ぶ．任意の x に対し，ある $V_x \in \mathcal{V}$ が存在して $x \notin V_x$ を満たす．さらに，超フィルター補題より，$\mathcal{V}$ はある超フィルター $\mathcal{U}$ に含まれる．しかし，ある x について $\mathcal{U} \to x$ ならば $\emptyset = V_x \cap V_x^c \in \mathcal{U}$ となり，$\mathcal{U}$ が真のフィルターであることに反するので，任意の x について $\mathcal{U} \not\to x$ となる．　　　　□

定理 3.12 と定理 3.8 を組み合わせて，次の結果が得られる．

系 3.2　空間 X がコンパクトかつハウスドルフであることと，任意の素フィルターがただ一つ極限点をもつことは同値である．

このコンパクトハウスドルフ空間の特徴づけは，長い圏論の物語の冒頭である．物語すべてを語ることはもちろんできないので，ここでは簡略版を紹介する．超フィルターは集合の圏 **Set** から **Set** への関手を定めるという，次の定理の帰結から話を始める．

定理 3.13　$\mathcal{U}$ を X 上の超フィルターとして，$f : X \to Y$ とする．このとき，押し出し $f_* \mathcal{U}$ は Y 上の超フィルターである．

証明　演習問題 7 とする．　　　　　　　　　　　　　　　　　　　　□

超フィルターの押し出しも超フィルターであることから，集合 X を X 上の超フィルター全体に移す関手 $\beta : \mathbf{Set} \to \mathbf{Set}$ が定まる．射 $f : X \to Y$ に対し，射 $\beta f : \beta X \to \beta Y$ は超フィルターを押し出しの超フィルターに移す．特に X がコンパクトハウスドルフ空間ならば，任意の超フィルターはちょうど 1 点に収束する．よって，超フィルターを収束先の 1 点に移す関手 $\alpha : \beta X \to X$ もおもしろいに違いない．これが圏論において重要な次の主張の鍵になる．

> コンパクトハウスドルフ空間の圏は，超フィルターのモナド（monad）の代数の圏と圏同値である．

超フィルターのモナドとは何だろう．さらに，モナドの代数とは何だろう．ここで詳しく述べることはしないが，主張の意味するアイデアについて説明してみよう．単項フィルターが主役である．単項フィルターの押し出しも単項フィルターであることから，それらが集まって，次式で定義される一つの自然変換 $\eta : \mathrm{id}_{\mathbf{Set}} \to \beta$ を成す．

$$\eta_X(x) = P_x$$

ここで，P_x は $x \in X$ における単項フィルターである．また，別の自然変換 $\mu : \beta \circ \beta \to \beta$ が登場する．ここでは μ の説明はしないが積のようなもので，自然変換 η はこの積に関する単位元のようなものである．三つ組 (β, η, μ) は，いわゆるモナドを定義する（モノイドも三つ組から成っていた．集合 X，結合的な乗法射 $m : X \times X \to X$，

そして m に関する単位元の役割をする $u : * \to X$ である). モナドがあると, モナドの代数が定義でき, それは圏を成す. そしてこの圏が, コンパクトハウスドルフ空間の圏と圏同値である. 超フィルターとコンパクトハウスドルフ空間の間の圏論的関連の裏には, 豊かな随伴の理論が隠れている. そのため, この話はのちに再び, この本の中で登場する. これは第5章で扱うストーン–チェックのコンパクト化と密接に関連している. モナドの入門書としては Riehl (2016) を, 超フィルターのモナドの話については Manes (1969) や nLab (Stacey et al., 2019) の記事を参照してほしい. 野心的な読者には Leinster (2013) もおもしろいかもしれない.

　超フィルター, 素フィルター, ボルツァノ–ワイエルシュトラスの定理, モナドとゆっくり見て回った. これで, この節の目的であるチコノフの定理の証明をする準備が整った.

3.4.2　チコノフの定理の証明

　数学には難しさの保存則[†1]がある. 一つの定理には複数の証明があるが, 洗練された道具を使えばよりスマートな証明ができる. 歴史的に, チコノフの定理の難しさは, 積位相の正しい定義を見つけることとコンパクト性の特徴づけにあった. 超フィルターを用いてコンパクト性を特徴づけるという洗練された理論的道具を用いると, それに対応して証明はスマートになる (Cartan, 1937a).

　もし収束を議論するのに十分な量の点列があれば, 次のような出来合いの方法が使えたのだが…積からの射影の連続性により, 点列を押し出す. ボルツァノ–ワイエルシュトラスの定理より, 各射影の像から収束部分列がとれる. 各射影における収束部分列に共通な添字を選んで[†2]積空間で部分列をとれば収束する, というアイデアである. つまり, 点列の代わりにフィルターを使えば, この出来合いの議論から真の証明が得られる.

チコノフの定理の証明　コンパクト空間族 $\{X_\alpha\}_{\alpha \in A}$ に対し $X = \prod_{\alpha \in A} X_\alpha$ とし, $\mathcal{F}$ を X の超フィルターとする. $\mathcal{F}$ が収束することを示さなければならない. 超フィルターの押し出しは超フィルターであり, X_α はコンパクトなので, ある x_α が存在して $(\pi_\alpha)_* \mathcal{F} \to x_\alpha$ を満たす. よって, 定義より x_α の任意の開近傍 U に対し, $B \in \mathcal{F}$

---

†1　訳注:「大道具を使えば証明は簡単になるが, 地道な道具しか使わないと長く複雑な証明になる」ということ.

†2　訳注:選べるくらいたくさん点列があればということであろう.

が存在して $\pi_\alpha B \subset U$ となる．言い換えると，$B \subset \pi_\alpha^{-1} U$ より $\pi_\alpha^{-1} U \in \mathcal{F}$ である．こ
こで，$(x_\alpha)_{\alpha \in A} \in X$ の任意の開近傍は $\pi_\alpha^{-1} U$ の有限個の共通部分の和集合である．
よって，$\mathcal{F} \to (x_\alpha)_{\alpha \in A}$ となる． □

この章を終わるにあたり，チコノフの定理の証明にはどこかで集合論の道具が必
要なことに注意する．この章の記述においては，超フィルター補題を示す際にツォ
ルンの補題を用いた．集合論を使うのが避けられないのは，チコノフの定理は選択
公理と同値だからである．あまり大きく横道にそれない程度に，ツェルメロ–フレ
ンケルの選択公理がチコノフの定理と同値であることを示すアイデアを紹介しよう．

3.4.3 集合論を少し

チコノフの定理から選択公理を導くいかなる証明においても，任意の集合族から
コンパクト空間族を構成する．そして，その積のコンパクト性から選択関数の存在
を示す．1950 年に，ケリー（Kelly）は余有限な位相を用いて，チコノフの定理か
ら選択公理が導かれることを示した（Kelly, 1950）．ここではより簡単な証明を紹
介する．まず選択公理を思い出しておこう．

| **選択公理**（axiom of choice） 空集合ではない集合の集まり $\{X_\alpha\}_{\alpha \in A}$ に対し，積
| $\prod_{\alpha \in A} X_\alpha$ は空集合ではない．

| **定理 3.14** チコノフの定理は選択公理と同値である．

証明 すでにツォルンの補題を使ってチコノフの定理を示した．証明していないこ
とだが，選択公理からツォルンの補題を導くことができるので（演習問題 13 を参
照），チコノフの定理は選択公理から導かれる．

逆に，チコノフの定理から選択公理を示そう．$\{X_\alpha\}_{\alpha \in A}$ を空集合でない集合の集
まりとする．チコノフの定理を使うために，コンパクト空間の集まりを作り出す必
要がある．まず，X_α に新たな点 ∞_α を付け加えて $Y_\alpha = X_\alpha \cup \{\infty_\alpha\}$ とする．各 Y_α
に位相 $\{\emptyset, \{\infty_\alpha\}, X_\alpha, Y_\alpha\}$ を考えて位相空間とする．このとき開集合は有限個なの
で，任意の開被覆は有限被覆になり，Y_α はコンパクトになる．よって，チコノフの
定理から，$Y := \prod_{\alpha \in A} Y_\alpha$ はコンパクトである．

$\beta \in A$ を固定する．β と異なる $\alpha \in A$ には Y_α を，β には開集合 $\{\infty_\beta\}$ をとり，そ
れらの積を考えた基本開集合を U_β として，Y の開集合の集まり $\{U_\beta\}$ を考える．こ

のとき，任意の有限個の集まり $\{U_{\beta_1}, \ldots, U_{\beta_n}\}$ に対し，以下のように構成される f は $\cup_{i=1}^{n} U_{\beta_i}$ に含まれないので，$\{U_{\beta_1}, \ldots, U_{\beta_n}\}$ は Y を被覆できない．有限個の積の場合，選択公理なしで選択関数 $\overline{f} \in \prod_{i=1}^{n} X_{\beta_i}$ を選ぶことができる．このとき $\overline{f}$ の拡張として，$\alpha \neq \beta_1, \ldots, \beta_n$ に対し $f \in Y$ を $f\alpha = \infty_\alpha$ としておく．ほかに選択の余地がないので，この拡張は可能である．

よって，$\{U_\beta\}$ は Y を覆うことができないので[†]，$\cup_{\alpha \in A} U_\alpha$ に含まれない関数 $f \in Y$ が存在する．このことより，すべての $\alpha \in A$ で $f\alpha = \infty_\alpha$ ではないので，各 α で $f\alpha \in X_\alpha$ となり，この f が欲しかった選択関数となる．　　　□

演習問題

1. A を X の部分空間とする．連続写像 $f : A \to Y$ は X に**拡張可能**である（can be extended to X）とは，連続写像 $g : X \to Y$ が存在して，A 上 $g = f$ となることとする．

    (a) A が X で稠密で Y がハウスドルフならば，f の X への拡張の仕方は高々 1 通りであることを示せ．

    (b) f の X への拡張の仕方が高々 1 通りであるような空間 X と Y，稠密部分空間 A と連続写像 $f : A \to Y$ の例を挙げよ．

    (c) f が X へ拡張しないような空間 X と Y，稠密部分空間 A と連続写像 $f : A \to Y$ の例を挙げよ．

2. $\mathbb{R}$ に余可算位相（補集合が可算である部分集合を開集合とする位相）を入れたものはハウスドルフ空間ではないが，その中の収束列はただ一つの極限をもつことを示せ．

3. 例 3.14 の詳細を確かめよ．

4. 例 3.5 の詳細を確かめよ．

5. 例 3.6 の詳細を確かめよ．

6. **フィルターの押し出し**：　$f : X \to Y$ と X 上のフィルター $\mathcal{F}$ に対し，

$$\{B \subset Y \mid \text{ある } A \in \mathcal{F} \text{ が存在して } fA \subset B\}$$

はフィルター基底になることを示せ．

---

† 訳注：チコノフの定理より，Y はコンパクトなので．

7. 定理 3.13 を証明せよ.

8. ハウスドルフ性の二つの亜種について考える. 位相空間が KC であるとは, すべての
コンパクト集合が閉集合になることとする. 位相空間が US であるとは, 収束列の極
限が一意的であることとする. ハウスドルフならば KC かつ US だが, 逆は成り立た
ないことを示せ（Wilansky, 1967）.

9. 完備距離空間の稠密開集合の可算個の共通部分は稠密であることを示せ（この結果
を**ベールのカテゴリー定理**（Baire category theorem）という）.

10. X をコンパクト空間とし, $\{f_n\}$ を $\mathbf{Top}(X, \mathbb{R})$ の増大列とする. $\{f_n\}$ が各点収束する
ならば, 一様収束することを示せ.

11. 次のポセット内のフィルターの定義の特別な場合が, 集合上のフィルターの定義であ
ることを示せ.

> **定義 3.9　ポセット $(\mathcal{P}, \preceq)$ 内のフィルター**とは, 次を満たす $\mathcal{F} \subset \mathcal{P}$ である.
> 下向きに有向：$a, b \in \mathcal{F}$ ならば $c \in \mathcal{F}$ が存在して $c \preceq a$ かつ $c \preceq b$
> 空集合ではない：$\mathcal{F}$ は空集合ではない.
> 上向きに閉じている：$a \in \mathcal{F}$ かつ $a \preceq b$ ならば $b \in \mathcal{F}$

12. 素なフィルターと極大フィルターについての議論を踏まえて, 次の二つの束を考える.

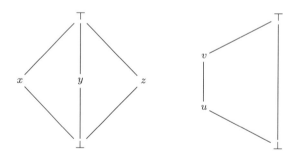

　　右側の束において, 極大だが素ではないフィルターを見つけよ. また, 左側の束に
おいて, 素だが極大ではないフィルターを見つけよ.
　　注：上記のどちらかの束に同型な部分束をもたない束は, 分配法則 $x \wedge (y \vee z) = (x \wedge y) \vee (x \wedge z)$ を満たす. 特に, 結び（join）を和として, 交わり（meet）を共通部分と
することで, この証明から, 分配束の場合は極大フィルターは素フィルターであるこ
とが導かれる.

13. **超限帰納法**（transfinite induction）：選択公理はツォルンの補題を導く．この演習問題ではそのことを示す．

　物を一つずつ数えるにはどうすればよいかという問いに対する集合論の答えが順序数である．結果として，順序数において帰納法が定義できる．これを超限帰納法という．

> **定義 3.10**　集合 S 上の**整列集合**（well ordering）とは，線形（または全）順序 $\leq$ で，空集合でない任意の集合は最小元をもつもののことである．順序を保つ（つまり単調な）写像により，整列集合全体は圏を成す．整列集合のこの圏における同型類を**順序数**（ordinal）という．フォン・ノイマン（von Neumann）に従い，各順序数 $[\alpha]$ の代表元である整列集合を
>
> $$\alpha := \{順序数\ \beta < \alpha\}$$
>
> とし，この代表元の整列集合と順序数を同一視する．

　整列集合は二つの情報をもっている．最初の元があることと，任意の元には次の元が定まっていることで，これこそ帰納法を実行する際に必要な情報にほかならない．馴染みのある順序数の最初のいくつかを見て感覚をつかんでおこう．

■**例 3.19**　まず，0 とよばれる最小の順序数，すなわち最初の整列集合 $\emptyset$ という空集合がある．これが順序数を構成する際の種となる．

名称	代表元	整列集合
0	$\emptyset$	
1	$\{0\}$	0
2	$\{0, 1\}$	$0 \to 1$
$\vdots$	$\vdots$	$\vdots$
ω	$\mathbb{N}$	$0 \to 1 \to \cdots$
$\omega + 1$		$0 \to 1 \to \cdots\ \omega$
$\omega + 2$		$0 \to 1 \to \cdots\ \omega \to \omega + 1$
$\vdots$	$\vdots$	$\vdots$

　いくつか注意が必要である．一つ目として，ω と $\omega + 1$ は下部構造の集合どうしの濃度は等しいが，順序数としては異なる．たとえば，順序数 $\omega + 1$ は，非ゼロであってどんな元のすぐ後でもない元を含む．そのような元を**極限順序数**（limit ordinal）といい，順序数の理論で重要な役割を演じる．二つ目に，任意の全順序が整列順序とは限らない．たとえば，有理数全体は整列集合ではない．最後に，順序数全体も整列集合のように思ってしまうかもしれない．順序数全体は始切片により線形順序で，空集

合でない任意の順序数の集合は最小元をもつ．これは**ブラリ–フォルティのパラドックス**（Burali–Forti paradox）である．Ω を順序数全体の集合とすると，上記の議論から Ω は整列集合であるから，ある順序数と同型になる．よって，$\Omega < \Omega$ となり矛盾である．つまり，順序数全体は集合ではない．　　　　　　　　　　　　　　　　■

(a) ブラリ–フォルティのパラドックスを用いて，いくらでも大きな濃度をもつ順序数が存在することを示せ（ヒント：背理法を使う）．

(b) 次を示せ．すべての順序数で性質 $P(-)$ を示すには，以下を示せば十分である．
- 最初の段階：$P(0)$ が成り立つ．
- 途中の段階：$P(\alpha)$ が成り立てば，$P(\alpha + 1)$ が成り立つ．
- 極限段階：極限順序数 λ に対し，任意の $\alpha < \lambda$ について $P(\alpha)$ が成り立てば，$P(\lambda)$ が成り立つ．

(c) 次の方針を用いて，選択公理はツォルンの補題を導くことを示せ．

すべての鎖が上界をもつような空集合ではない順序集合 $(\mathcal{P}, \leq)$ に対し，任意の $a \in \mathcal{P}$ について

$$E_a := \{b \in \mathcal{P} \mid a < b\}$$

とする．このとき，次の二つの場合が起こる．ある $a \in \mathcal{P}$ が存在して $E_a = \emptyset$ ならば，a は極大元より示せた．もしそうでないなら，選択公理から写像 $f : \mathcal{P} \to \mathcal{P}$ が存在して，任意の a について $fa \in E_a$ を満たす．ここで超限帰納法を用いて，任意の順序数の長さをもつ鎖が $\mathcal{P}$ に存在することを示せ．矛盾を導くことで，選択公理からツォルンの補題を導け．

第**4**章 圏論における極限と余極限

Categorical Limits and Colimits

> 「コ数学者」は，「コ定理」を「ーヒー」に変換する装置である．
> ——読み人知らず（あなたがこのジョークの発案者ならご一報を）†

はじめに　　圏論的な極限と余極限は，すでに存在する対象から新しい対象を作り出す，ある意味でもっとも効率的な方法の一つである．第1章で紹介した部分空間，商空間，積空間，余積空間など新しい位相空間を構成する方法は，**Top** における極限や余極限の例だが，**Top** 以外の圏においても極限や余極限を考えることができる．実際，押し出しや引き戻しや順極限など，極限や余極限の重要な例はほかにもあり，極限や余極限の一般の概念について学んでおくことは価値がある．

　　実際問題として，極限はある制約条件に従って部分を選び出して構成するのが典型的であるのに対し，余極限は対象を貼り合わせて構成するのが典型的である．より形式的には，極限を定義する性質は極限からの射で特徴づけられる．その一方，余極限を定義する性質は余極限への射で特徴づけられる．その一般性により，極限と余極限は広く数学の各分野に浸透している．アーベル群の直和，順序集合の上限，CW 複体などはすべて極限や余極限の例であり，今後読み進むにつれてより多くの例と出会うであろう．まず4.1節で，「何の（余）極限か」という自然な疑問に答えることからこの章を始める．続く二つの節では，（余）極限の形式的な定義に続いて，いくつかの具体例を見ていく．

---

† 訳注：「数学者はコーヒーから定理を作り出す」というよく知られたジョークの双対版のようである．

4.1 図式とは関手である

トポロジーでは，点列の極限を考える．圏論では，図式の（余）極限を考える．以下では，図式を関手と思うのが有効である．とりわけ，圏の図式は，図式の形から圏への関手である．たとえば，圏 **C** における次のような可換図式

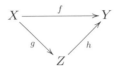

は，三つの対象 X, Y, Z および $f = hg$ を満たす射 $f : X \to Y$, $g : X \to Z$, $h : Z \to Y$ が選ばれてできている．それは**添字圏**（indexing category），つまり次の図

からの関手による像と考えられる．添字圏は小圏[†]で，名前を **D** としよう．この場合，**D** は黒丸で表された三つの対象と矢印で表された三つの射からなる．恒等射も **D** の射だが，ここでは省略されて描かれていない．二つの斜めの矢印の合成が水平の矢印に一致するので，射の合成もここには描かれてはいない．関手 $F : \mathbf{D} \to \mathbf{C}$ とは，射の合成を保ちながら **C** の三つの対象と三つの射を選ぶことである．つまり，

図式 $\left(\begin{array}{c} X \xrightarrow{\ f\ } Y \\ g \searrow \quad \swarrow h \\ Z \end{array} \in \mathbf{C} \right)$ は関手 $\left(\begin{array}{c} \bullet \longrightarrow \bullet \\ \searrow \quad \swarrow \\ \bullet \end{array} \to \mathbf{C} \right)$ である．

写像とその像を同一視することはよくやることである．たとえば，実数列とは写像 $x : \mathbb{N} \to \mathbb{R}$ のことだが，xn を x_n と書いてその順列 $(x_1, x_2, \dots)$ とみなす．同様に，位相空間 X のパスは連続写像 $p : [0,1] \to X$ のことだが，しばしば像である曲線 $pI \subset X$ と同一視される．「図式は関手である」という考え方もそれらと大差ない．

> **定義 4.1** **D** を小圏とする．圏 **C** 内の**D 型の図式**（D-shaped diagram）とは，関手 $\mathbf{D} \to \mathbf{C}$ のことである．圏 **C** と **D** が明確な場合は，単に図式という．

---

† 訳注：小圏の定義は 4.4 節にある．

　図式は関手なので，ある図式から別の図式への射を考えることは，関手間の自然変換として意味がある．以下で見るように，図式 F の（余）極限の一つとして，1点という特別な形の図式と F の間の自然変換が考えられる．1点からなる図式とは，圏のある対象への定値関手のことである．$\mathbf{C}$ の任意の対象 A は，任意の圏 $\mathbf{D}$ に関する $\mathbf{D}$ 型の図式とみなせる．なぜならば，$\mathbf{D}$ の任意の対象を A に移し，$\mathbf{D}$ の任意の射を A の恒等射に移す定値関手とみなせばよいからである．

　ここで，記号 A を圏の対象と定値関手の両方の意味で使っていることに気をつけよう．言い換えれば，場合によって A を対象として見たり関手として見たりしているわけである．このようにして，定値関手から図式への自然変換を表すのに，「対象から図式への射」という言い方をする．

> **定義 4.2**　与えられた関手 $F\colon \mathbf{D} \to \mathbf{C}$ に対し，対象 A から関手 F への射，つまり $\mathbf{Nat}(A, F)$ の元を，A から F への**錐**（cone）という．同様に，F から A への錐[†] とは，$\mathbf{Nat}(F, A)$ の元のこととする．

　定義を詳しく説明すると，A から $F\colon \mathbf{D} \to \mathbf{C}$ への錐とは，射の集まり

$$\{A \xrightarrow{\eta\bullet} F\bullet \mid \text{ここで} \bullet \text{は} \mathbf{D} \text{の対象}\}$$

であり，$\mathbf{D}$ の任意の射 $\bullet \xrightarrow{\varphi} \circ$ に対し次の図式が可換である．

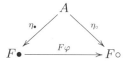

　たとえば次の図式では，ある対象 A から関手 F に向かって三つの射 η_X, η_Y, η_Z が出ていて，図式を可換にしている．

---

† 訳注：余錐（cocone）ともいう．

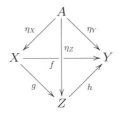

　次の節で明らかになるように，F の極限とは F の上に位置する特別な錐で，F の余極限とは F の下に位置する特別な錐である．

4.2　極限と余極限

では，極限と余極限の正確な定義を与えよう．

> **定義 4.3**　図式 $F : \mathbf{D} \to \mathbf{C}$ の**極限** (limit) とは，以下のような普遍性をもつ $\mathbf{C}$ の対象 $\lim F$ から図式 F への錐 η のことである．$\mathbf{C}$ の対象 B から図式 F への錐 γ に対し，一意的に $\mathbf{C}$ の射 $h : B \to \lim F$ が存在して，$\mathbf{D}$ のすべての対象 $\bullet$ に対し $\gamma_\bullet = \eta_\bullet h$ を満たす．
>
>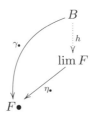

　くだけた言い方をすると次のようになる．まず第 1 に，F の上の錐はたくさんあるかもしれない，つまり，図式 F に降りてくる対象と射はたくさんあるかもしれない．しかし，そのうちで $\eta : \lim F \to F$ のみが極限の条件を満たす．だが，別の錐 $\gamma : B \to F$ も同じように振る舞うかもしれない，つまり，γ も図式 F の各矢印と可換で，η に似ているかもしれない．しかし似ていても一致はしない．自然変換 γ が η に似ているのは，γ が η を経由してできているからである．つまり，ある射 h が一意的に存在して，$\gamma = \eta \circ h$ と表される．これが極限錐の普遍性である．イメージとしては，図式の極限は，もっとも低い場所に位置する錐である．図式の上の錐たちは，極限に流れ落ちるように視覚化できる．図式 F のもっとも近くに位置してい

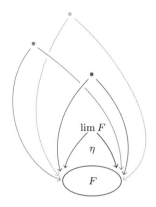

る錐が極限錐 η である（上図）.

　同様に，圏において図式から対象への射を考えることもできて，次の定義を導く.

定義 4.4　図式 $F : \mathbf{D} \to \mathbf{C}$ の**余極限**（colimit）とは，以下のような普遍性をもつ図式 F から $\mathbf{C}$ の対象 colim F への錐 ϵ のことである．図式 F から $\mathbf{C}$ の対象 B への錐 γ に対し，一意的に射 $h : \mathrm{colim}\, F \to B$ が存在して，$\mathbf{D}$ のすべての対象 $\bullet$ に対し $\gamma_{\bullet} = h\epsilon_{\bullet}$ を満たす.

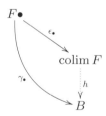

　感覚的な言い方をすると，図式 F の余極限とは，F の下にある錐のうちもっとも浅いところに位置する錐である（次図）．F の下にはたくさんの錐があるかもしれないし，図式から射が出る対象もたくさんあるかもしれない．しかしそれらのうち，余極限が図式 F のもっとも近くに位置する錐 η である．ここでも「浅い」や「近い」などのくだけた言い方で余極限の普遍性を表現してみた.

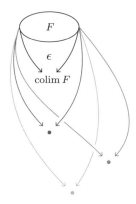

　一般に，図式の（余）極限は存在しないかもしれないが，存在すれば同型を除い
て一意的であることを注意しておく．各自で確かめてほしい．

4.3　例

　添字圏の形によって，図式の（余）極限には馴染みのある名前がついている．交
わり，和，積，核，直和，商，ファイバー積などが代表例である．以下，これらの
例を見ていく．それぞれの場合について，（余）極限のデータとは，対象とその対象
から，またはその対象への射の集まりで，普遍性を満たすものであることを思い出
しておこう．

4.3.1　終対象と始対象

　添字圏が空，つまり対象も射もない場合，関手 $\mathbf{D} \to \mathbf{C}$ は空の図式である．空の
図式の極限を**終対象**（terminal object）という．それは $\mathbf{C}$ の対象 T であって，$\mathbf{C}$
の任意の対象 X から一意的に射 $X \to T$ が存在する．別の言い方をすると，圏のす
べての対象は T で終わる．$\mathbf{Set}$ での終対象は1点集合であり，$\mathbf{Top}$ では1点空間
であり，$\mathbf{Grp}$ では自明な群であり，$\mathbf{Vect_k}$ では0次元ベクトル空間である．ポセッ
トでは，終対象があるならそれは最大元である．たとえば $\mathbb{R}$ で通常の順序を考える
と，最大元は存在しない．つまり，そのポセットは終対象のない圏である．

　双対的に，空の図式の余極限を**始対象**（initial object）という．それは $\mathbf{C}$ の対象
I であって，$\mathbf{C}$ の任意の対象 X に向かって一意的に射 $I \to X$ が存在する．別の言
い方をすると，圏のすべての対象は I から始まる．$\mathbf{Set}$ での始対象は空集合であり，

Top では空集合の空間であり，**Grp** では自明な群であり，**Vect$_k$** では 0 次元ベクトル空間である．ポセットでは，始対象があるならそれは最小元である．この場合も，すべての圏が始対象をもつとは限らない．

多くの場合，図式に終対象が存在するならば，その図式の余極限はそれ自身であり，逆もまたしかりである．たとえば，終対象 Y をもつ図形の余極限は，Y 自身と図式の中に現れる射である．さらに具体的な例を挙げよう．Y は次の図式の終点である．

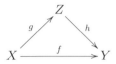

そして実際，この図式の極限は，Y と図式の中の射 $f : X \to Y$，$h : Z \to Y$，$\mathrm{id}_Y : Y \to Y$ である．任意の対象 S に対し，図式から S への射は Y から S への射を含み，ほかと可換である．よって，Y から S への射は，Y が余極限であるための普遍性を満たす射である．

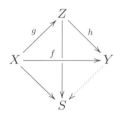

同様に，始対象 X をもつ図形の極限は，X 自身と図式の中に現れる射である．

4.3.2 積と余積

添字圏 **D** が恒等射以外に射をもたないならば，つまり **D** が**離散圏**（discrete category）ならば，図式 **D** → **C** は **D** で添字づけられた **C** の対象の集まりにすぎない．この場合の図式の極限を**積**（product）といい，余極限を**余積**（coproduct）という．**C** = **Set** のとき，第 0 章で与えた直積と直和の普遍性を確かめることで，それらが離散図式の積と余積になっていることが示せる．圏が **Top** の場合は，図式内の集合の直積に積位相を入れて，各成分への射影を考えると積になる．同様に，図式内の集合の直和に余積位相を入れて，各成分からの包含写像を考えると余積になる．

積の部分集合（または部分空間）は特に興味の対象となりやすい．たとえば，与えられた集合または位相空間 X と Y に対し，ある関係式を満たす x と y の対 $(x,y) \in X \times Y$

を主に考えたくなることがしばしばある．その双対として，集合（や位相空間）の余積全体ではなく，ある部分を同一視することに関心をもつ場合がある．これらを実行している圏論的構成を，以下の例で見ていく．

4.3.3　引き戻しと押し出し

添字圏 $\bullet \to \bullet \leftarrow \bullet$ からの関手は，図式

となり，その極限を，射 f と g に沿っての X と Y との**引き戻し**（pullback）という．**Set** での引き戻しは，$fx = gy$ を満たす対 (x, y) の集まりで，X 成分と Y 成分への射影を備えている．この集合を $X \times_Z Y$ と書く．図式において，引き戻しを表す特別な記号が存在する．四角形の図式で，左上の角に挿入記号 "⌐" を入れたものが引き戻しの図式を表す．たとえば，図式

は，「この図式は可換で，対象 ∘ は引き戻しである」ことを表している．具体的な例として，$X = *$ を 1 点集合としたとき，写像 $f : * \to Z$ は元 $z \in Z$ を選ぶことを意味する．このとき引き戻しは，$gy = z$ を満たす点 $y \in Y$ の集合である．言い換えると，引き戻しは逆像 $g^{-1}z \subset Y$ のことである．

Top においては，集合 $X \times_Z Y$ に積空間 $X \times Y$ からの誘導位相を入れる．これは次の図式が示す普遍性を満たす．

$$\begin{array}{ccc} X \times_Z Y & \xrightarrow{\pi_X} & X \\ {\scriptstyle \pi_Y}\downarrow & \lrcorner & \downarrow{\scriptstyle f} \\ Y & \xrightarrow{g} & Z \end{array}$$

具体的には，引き戻し位相（第 1 の特徴づけ）は，射影 $\pi_X : X \times_Z Y \to X$ と $\pi_Y : X \times_Z Y \to Y$ が連続になる最弱の位相である．あるいは，引き戻し位相（第 2 の特徴づけ）は，任意の空間 W からの引き戻しへの射が連続であるための必要十分

条件が「π_X と π_Y を後から合成して得られる射 $a: W \to X$ と $b: W \to Y$ が連続になること」である位相である．言い方を逆にすると，空間 W から引き戻しへの射は，$fa = gb$ を満たす射 $a: W \to X$ と $b: W \to Y$ で特徴づけられる．

いずれ次のような言い回しに出会うであろう．「射 $p: Y \to X$ は，射 $f: X \to B$ に沿った $\pi: E \to B$ による引き戻しである」．これは，p が f や π とともに図式

$$
\begin{array}{ccc}
Y & \longrightarrow & E \\
{\scriptstyle p}\downarrow & \lrcorner & \downarrow{\scriptstyle \pi} \\
X & \underset{f}{\longrightarrow} & B
\end{array}
$$

に収まり，Y および $p: Y \to X$ と名前のついていない射が残りの図式についての引き戻しになっていることを意味する．名前のついていない射 $Y \to E$ は常に存在し，引き戻しの一部を成すが，明示的に言及されない場合がある．

双対的に，添字圏 $\bullet \leftarrow \bullet \to \bullet$ からの関手は，図式

$$
\begin{array}{ccc}
Z & \overset{g}{\longrightarrow} & X \\
{\scriptstyle f}\downarrow & & \\
Y & &
\end{array}
$$

となり，その余極限を，射 f と g に沿っての X と Y との**押し出し**（pushout）という．**Set** での $f: Z \to X$ と $g: Z \to Y$ による押し出しは，商集合 $X \coprod_Z Y := X \coprod Y / \sim$ と，X および Y から商集合への射で実現される．ここで $\sim$ は，任意の $z \in Z$ について $fz \sim gz$ となる二項関係が生成する同値関係である．引き戻しと同様に，図式

は可換な図式で，対象 $\circ$ は押し出しであることを意味している．**Set** における押し出しの具体例として，与えられた二つの集合 A と B の共通部分 $A \cap B$ は，A と B の部分集合である．よって，次のような包含写像の図式が得られる．

　この図式の押し出しが和集合 $A \cup B$ である．より具体的に，和集合はこの図式に収まり，図式に収まる別の対象 S に対し，次の図式に点線で示したような写像 $A \cup B \to S$ が一意的に存在する．

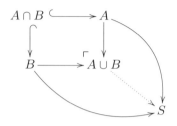

　この例における押し出しの普遍性から，写像 $A \cup B \to S$ は，$A \cap B$ で一致する $A \to S$ と $B \to S$ との対にほかならない．

　Top での押し出しは，商集合 $X \coprod_Z Y$ に余積空間 $X \coprod Y$ からの商位相を入れる．この押し出しは，次の図式が表す普遍性をもつ．

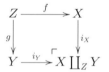

　押し出し位相（第1の特徴づけ）は，元を同値類に移す二つの写像 $i_X : X \to X \coprod_Z Y$ と $i_Y : Y \to X \coprod_Z Y$ が連続となるような最強の位相である．あるいは，押し出し位相（第2の特徴づけ）は，押し出しからの任意の空間 W への射が連続であるための必要十分条件が，「i_X と i_Y を先に合成して得られる射 $X \to W$ と $Y \to W$ が連続になること」である位相である．言い方を逆にすると，押し出しから空間 W への射は，$af = bg$ を満たす射 $a : X \to W$ と $b : Y \to W$ で特徴づけられる．

　押し出しの図式は，連続写像 $f : S^{n-1} \to X$ に沿って円板 D^n を位相空間 X に貼り付けるときに使う．

$$
\begin{array}{ccc}
S^{n-1} & \xrightarrow{\ f\ } & X \\
{\scriptstyle i}\downarrow & & \downarrow{\scriptstyle i_X} \\
D^n & \xrightarrow[i_Y]{} & X \coprod_{S^{n-1}} D^n
\end{array}
$$

　この場合，写像 $S^{n-1} \hookrightarrow D^n$ は包含と理解され，押し出しとは「接着写像 f により円板 D^n を X に貼り付けること」を表し，$X \coprod_f D^n$ と書く．押し出しを「随伴

空間」という著者もいる（Brown, 2006）が，この本では「随伴」という用語を別
の目的のため使わずにおく（第5章を参照）.

　まとめとして，引き戻しは積から得られる極限の一つであり，押し出しは余積の
商から得られる余極限の一つである．添字圏の形を変えることで，次に見る逆極限
と順極限のように，新たな図式の（余）極限が得られる.

4.3.4　逆極限と順極限

　添字圏 $\bullet \leftarrow \bullet \leftarrow \bullet \leftarrow \cdots$ の形をした図式

$$X_1 \overset{f_1}{\leftarrow} X_2 \overset{f_2}{\leftarrow} X_3 \overset{f_3}{\leftarrow} \cdots$$

の極限を，対象 $\{X_i\}$ の**逆極限**（inverse limit）ということがある．引き戻しの場合
と同様に，**Set** における逆極限は対象の積の部分集合である．具体的には，任意の i
で $f_i x_{i+1} = x_i$ を満たす列 $(x_1, x_2, \ldots) \in \prod_i X_i$ の集合と，積から各成分への射影に
よって，逆極限は実現される．記号で $\varprojlim X_i$ と表し，各成分に射影が出る最小の対
象と考えることができる．**Top** における逆極限は，集合としてはこの点列の集まり
である．積空間の相対位相を入れれば，位相空間となる．たとえば，写像 $\mathbb{R}^{n+1} \to \mathbb{R}^n$
を $(x_1, \ldots, x_n, x_{n+1}) \mapsto (x_1, \ldots, x_n)$ と定義すると，空間の列

$$\mathbb{R} \leftarrow \mathbb{R}^2 \leftarrow \mathbb{R}^3 \leftarrow \cdots$$

は積 $X = \prod_{n \in \mathbb{N}} \mathbb{R}$ に積位相を入れた空間になる．$(x_1, x_2, \ldots) \mapsto (x_1, \ldots, x_n)$ で定義
された射影は，X から図式への射を定義し，X の位相は，これらの射影が連続にな
る最弱の位相である．この図式 $\mathbb{R} \leftarrow \mathbb{R}^2 \leftarrow \mathbb{R}^3 \leftarrow \cdots$ の極限 X は，**Top** でも **Vect**$_k$
でも同じである.

　双対的に，添字圏 $\bullet \to \bullet \to \bullet \to \cdots$ の形をした図式

$$X_1 \to X_2 \to X_3 \to \cdots$$

の余極限を，対象 $\{X_i\}$ の**順極限**（directed limit）ということがある．記号で $\varinjlim X_i$
と表し，対象 X と図式からの射 $i_k : X_k \to X$ から構成されている．何か構造が付
与されている集合からなる対象と単射の列 $X_k \to X_{k+1}$ を具体的な圏で考える際は，
図式 $X_1 \to X_2 \to X_3 \to \cdots$ は対象の増大列とみなすことができる．その場合の余極
限は対象たちの和とみなすことができる.

図式 $X_1 \to X_2 \to X_3 \to \cdots$ の極限や，図式 $X_1 \leftarrow X_2 \leftarrow X_3 \leftarrow \cdots$ の余極限は，X_1 そのものであることを最後に注意しておく．

■**例 4.1**　線形代数において，$\mathbb{R}$ の可算個のコピーの余極限は，有限個を除いて成分が 0 である実数列の全体であり，記号で $\oplus_{n \in \mathbb{N}} \mathbb{R}$ と表す．これは **Top** における $\mathbb{R}$ の可算個のコピーの余極限である $\coprod_{n \in \mathbb{N}} \mathbb{R}$ とは異なる．ベクトル空間 $\oplus_{n \in \mathbb{N}} \mathbb{R}$ を位相空間にするため，以下のような別の見方をする．

$X = \oplus_{n \in \mathbb{N}} \mathbb{R}$ は，ベクトル空間かつ位相空間の図式

$$\mathbb{R} \to \mathbb{R}^2 \to \mathbb{R}^3 \to \cdots$$

の余極限である．ここで，写像 $\mathbb{R}^n \to \mathbb{R}^{n+1}$ を $(x_1, \ldots, x_n) \mapsto (x_1, \ldots, x_n, 0)$ で定義する．$\mathbb{R}$ は $\mathbb{R}^2$ の x 軸に埋め込まれ，$\mathbb{R}^2$ は $\mathbb{R}^3$ の xy 平面に埋め込まれるように，この図式を増大和とみなすことにする．このとき，図式の余極限 X は，すべての有限次元ベクトル空間を内部に含むような無限次元ベクトル空間になる．また，別のベクトル空間と線形写像 $X_i \to Y$ は必ず線形写像 $X \to Y$ を経由するという意味で，X は最小のベクトル空間である．ベクトル空間 X は，有限個の x_i を除いて 0 であるような実数列 $(x_1, x_2, \ldots)$ の集合で実現され，

$$(x_1, \ldots, x_n) \mapsto (x_1, \ldots, x_n, 0, 0, \ldots)$$

で定義される線形写像 $\mathbb{R}^n \to X$ により，$\mathbb{R}^n$ は X の増大部分列と同一視される．ベクトル空間としての構造は数列の和とスカラー倍で定義される．余極限による X の位相は，次のように具体的に表現できる．数列の集合 U が開集合であるとは，すべての $n \in \mathbb{N}$ において $U \cap \mathbb{R}^n$ が開集合になることである．この X の位相は，包含写像 $\mathbb{R}^n \hookrightarrow X$ が連続になる最強の位相と一致する．　　　　■

4.3.5　イコライザと余イコライザ

・$\bullet \rightrightarrows \bullet$ の形をした図式

$$X \xrightarrow[g]{f} Y$$

の極限を，f と g の**イコライザ**（equalizer）という．**Set** においてイコライザは，集合 $E = \{x \in X \mid fx = gx\}$ と包含写像 $E \to X$ で実現される．それは，二つの写像が一致する X の最大の部分集合である．**Top** では，イコライザは集合 E に相対

位相を入れたものである. 普遍性は次の図式が表している.

$$S \dashrightarrow E \longrightarrow X \underset{g}{\overset{f}{\rightrightarrows}} Y$$

Grp, **Vect**$_{\mathbf{k}}$, R**Mod** などの代数的な圏では, $f : G \to H$ と始対象からの一意的な射 $0 : G \to H$ のイコライザを f の**核**（kernel）という.

双対的に, 同じ図式

$$X \underset{g}{\overset{f}{\rightrightarrows}} Y$$

の余極限を, f と g の**余イコライザ**（coequalizer）という. **Set** や **Top** では, $Y/\sim$ の形で実現される. ここで $\sim$ は, 任意の $x \in X$ について $fx \sim gx$ で生成される同値関係であり, **Top** の場合は商位相を入れておく. これは, 二つの写像が一致する最小の関係による Y の商である. 普遍性は次の図式が表している.

$$X \underset{g}{\overset{f}{\rightrightarrows}} Y \longrightarrow C \dashrightarrow S$$

Grp, **Vect**$_{\mathbf{k}}$, R**Mod** などの代数的な圏では, $f : G \to H$ と始対象からの一意的な射 $0 : G \to H$ の余イコライザを f の**余核**（cokernel）という.

この章でさまざまな例を見てきたが, 極限とはある意味, 積から構成されるのではと思うかもしれない. その考えは確かに正しく, 一般に極限を構成する際の処方箋を与えてくれる. 実際, 次のような定理がある. 圏が積とイコライザをもつなら, すべての極限をもつ. 同じく, 余極限は余積の商で構成されるのではという感覚は正しく, 次のような定理がある. 圏が余積と余イコライザをもつなら, すべての余極限をもつ. これらについて次節で考察してから, この章を終えよう.

4.4 完備性と余完備性

　小さな図式[†]の極限が常に存在するとき, 圏は**完備**（complete）といい, 小さな図式の余極限が常に存在するとき, 圏は**余完備**（cocomplete）という. 圏 **Set** や **Top**

[†]　圏が小さいまたは**小圏**（small category）であるとは, 対象の集まりも射の集まりもともに集合となることである.

は完備かつ余完備である．**Set** における任意の図式の余極限は，図式内の集合の直和をとり，図式から定まる関係の商をとることで得られる．**Top** では，この商集合に位相空間の直和からの商位相が定まる．この位相は，図式からの射がすべて連続になるような最強の位相である．

上記と双対的に，小さな図式の極限を構成するには，まず図式内の集合すべての積をとる．すると，積から図式のすべての対象に射が出る．図式の極限は単に積の部分集合で，各対象への射影が集まって図式への射を構成する．**Top** では，この部分集合に積空間からの誘導位相が定まる．この位相は，図式からの射がすべて連続になるような最弱の位相である．

集合の任意の余極限を直和の商で定義する仕方や，集合の任意の極限を積の部分集合で定義する仕方を見ていると，次の定理の証明のアイデアが思い浮かぶ．すなわち，小さな（余）極限はすべて，（余）積と（余）イコライザで生成される．

定理 4.1　圏に積とイコライザが存在するならば完備である．圏に余積と余イコライザが存在するならば余完備である．

証明　余積と余イコライザが存在する圏の図式の余極限は，以下のように 2 段階で構成される．まず，図式に現れる射 $X_\alpha \to X_\beta$ のすべての対象 X_α の余積 Y をとる（X_α のコピーをいくつか用意しておくべきだろう）．そして，図式に現れるすべての対象 X_β の余積 Z をとっておく（この場合は，一つの対象ごとに一つのコピーをとっておけばよい）．

$$Y := \coprod_{X_\alpha \to X_\beta} X_\alpha \quad \Big| \quad Z := \coprod_{\beta} X_\beta$$

二つの射 $Y \to Z$ が存在する．一つは図式の射の余積で，それを f とする．もう一つは恒等射とする．これら二つの射の余イコライザ

$$Y \overset{f}{\underset{\mathrm{id}}{\rightrightarrows}} Z$$

は図式の余極限である．極限の場合も同様である．　　　　□

この章での議論のまとめが表 4.1 である．定義と例をあと一つずつ挙げて，この章を締めくくろう．

表 4.1　圏論における一般的な極限と余極限

(添字) $\xrightarrow{\text{関手}}$ (図式)	極限	余極限
$\longmapsto$	終対象	始対象
$\bullet \quad \bullet \quad \bullet \longmapsto A \quad B \quad C$	積	余積
$\begin{array}{cc} & \bullet \\ & \downarrow \\ \bullet \rightarrow \bullet \end{array} \longmapsto \begin{array}{cc} & B \\ & \downarrow \\ A \rightarrow C \end{array}$	引き戻し	—
$\begin{array}{cc} \bullet \rightarrow \bullet \\ \downarrow \\ \bullet \end{array} \longmapsto \begin{array}{cc} C \rightarrow B \\ \downarrow \\ A \end{array}$	—	押し出し
$\bullet \leftarrow \bullet \leftarrow \cdots \longmapsto A_1 \leftarrow A_2 \leftarrow \cdots$	逆極限	—
$\bullet \rightarrow \bullet \rightarrow \cdots \longmapsto A_1 \rightarrow A_2 \rightarrow \cdots$	—	順極限
$\bullet \rightrightarrows \bullet \longmapsto A \rightrightarrows B$	イコライザ	余イコライザ

定義 4.5　関手が**連続** (continuous) とは，極限を極限に移すこととする．関手が**余連続** (cocontinuous) とは，余極限を余極限に移すこととする．

■**例 4.2**　圏 $\mathbf{C}$ の対象 X が与えられたとき，hom 関手 $\mathbf{C}(X, -): \mathbf{C} \to \mathbf{Set}$ は連続である．しかし残念ながら，双対の主張「$\mathbf{C}(-, X): \mathbf{C}^{\mathrm{op}} \to \mathbf{Set}$ は余連続である」は成立しない．$\mathbf{C}(-, X)$ の反変性から，極限が余極限に移る．実際 0.3.4 項において，$\mathbf{Set}$ での積や余積の普遍性に関する議論の中で，これらの結果の特別な場合をすでに見ている．演習問題 5 の中で，余連続な関手の例を扱う．　■

演習問題

1. $f: X \to Y$ を位相空間 X から位相空間 Y への埋め込みとする．Y（そして写像 f）が極限となる図式を構成せよ．ヒント：第 1 章の演習問題 12 より，商は余イコライザなので余極限である．

2. 無限次元球面 S^∞ を次の図式の余極限で定義する．

$$S^0 \hookrightarrow S^1 \hookrightarrow S^2 \hookrightarrow S^3 \hookrightarrow \cdots$$

S^∞ が可縮であることを示せ．

3. 図式

$$X \underset{g}{\overset{f}{\rightrightarrows}} Y \xrightarrow{h} Z$$

から，次の可換図式を構成せよ.

$$
\begin{array}{ccc}
X \coprod X & \xrightarrow{(f,g)} & Y \\
\downarrow & & \downarrow{h} \\
X & \longrightarrow & Z
\end{array}
$$

一つ目の図式が余イコライザであることと，二つ目の図式が押し出しであることは同値であることを示せ．次に，可換図式

$$
\begin{array}{ccc}
X & \xrightarrow{f} & Y \\
\downarrow{g} & & \downarrow{p} \\
X & \xrightarrow{q} & Z
\end{array}
$$

から，次の図式を構成せよ.

$$X \underset{g}{\overset{f}{\rightrightarrows}} X \coprod Y \xrightarrow{(p,q)} Z$$

一つ目の図式が押し出しであることと，二つ目の図式が余イコライザであることは同値であることを示せ.

　よって，押し出しと余積がある圏には余極限が存在する．同様にして，引き戻しと積のある圏は完備である（Mac Lane, 2013, p. 72, exercise 9）.

4. 任意の圏において，$f: X \to Y$ がエピである必要十分条件は，次の可換図式が押し出しであることを示せ（Mac Lane, 2013, p. 72, exercise 4）.

$$
\begin{array}{ccc}
X & \xrightarrow{f} & Y \\
\downarrow{f} & & \downarrow{\mathrm{id}_Y} \\
Y & \xrightarrow{\mathrm{id}_Y} & Y
\end{array}
$$

5. 任意の集合 X について，$X \times - : \mathbf{Set} \to \mathbf{Set}$ は連続であることを示せ（Mac Lane, 2013, p. 118, exercise 4）.

6. ポセットにおいて，空でない図式の極限は存在すれば何か，余極限は存在すれば何か.

7. 表 4.1 の空欄を説明せよ.

8. 下のイメージ図を用いて, 関手 $F : \mathbf{B} \to \mathbf{C}$ が余極限をもつための必要十分条件は, すべての対象 $Y \in \mathbf{C}$ について, 次の自然な同型が存在することであることを示せ.

$$\mathbf{C}(\operatorname{colim} F, Y) \cong \lim \mathbf{C}(F-, Y)$$

以下が証明の流れである. 下の左図で, F の余極限の普遍性から, $\mathbf{C}(\operatorname{colim} F, Y)$ の元は, 図式 F から Y (への定値関手) への自然変換に対応する. 下の右図で, 関手 $\mathbf{C}(F-, Y) : \mathbf{B}^{\mathrm{op}} \to \mathbf{Set}$ の普遍性から, 終対象である 1 点集合 $*$ (への定値関手) から $\mathbf{C}(F-, Y)$ への自然変換全体の集合は, 極限 $\lim \mathbf{C}(F-, Y)$ である. 最後に, 中央に記された対応が自然な同型であることを主張する.

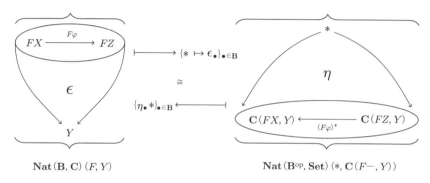

つまり, hom の最初の成分の colim を hom の前に lim として出すには, 射 $F\varphi$ を先に合成して $(F\varphi)^*$ とすればよい.

第5章 随伴とコンパクト開位相

Adjunctions and the Compact-Open Topology

> 鳥たちは空高く飛び，数学の広大な眺めを地平線の彼方まで概観する．
> われわれの考えを統一し，風景のさまざまな箇所から多様な問題を一つに
> 集約する概念を好む．一方，蛙たちは地面のぬかるみで暮らし，近くに咲
> いている花だけを見ている．特定の対象の細部を好み，一つずつ問題を解
> 決していく．
> ——フリーマン・ダイソン（Freeman Dyson, 2009）

はじめに　　第0章のはじめのほうで，数学の対象が「同じである」という概念を
議論するのに圏論は適した設定であると述べた．この概念は同型という，一つの対
象から別の対象への左右に可逆な射によって表現される．その対象が圏自身である
と，より一層おもしろくなる．二つの圏が同型とは，それぞれの方向の関手が存在
して，それらの合成が恒等関手になることとする．しかし，等しいと示すにはたく
さんのことを確かめなければならない．圏の同型は窮屈すぎて使い勝手が悪い．そ
こで，次のように条件を緩めると状況はよくなる．圏 $\mathbf{C}$ と $\mathbf{D}$ が同値であるとは，関
手の対 $L : \mathbf{C} \rightleftarrows \mathbf{D} : R$ と自然同型 $\mathrm{id}_{\mathbf{C}} \to RL$ と $LR \to \mathrm{id}_{\mathbf{D}}$ が存在することとする．

　　さらに条件を弱めると，圏論における豊かな概念である随伴にたどり着く．関手
の対 $L : \mathbf{C} \rightleftarrows \mathbf{D} : R$ は随伴を成す．また，L と R が随伴関手であるとは，（同型と
は限らない）自然変換 $\eta : \mathrm{id}_{\mathbf{C}} \to RL$ と $\epsilon : LR \to \mathrm{id}_{\mathbf{D}}$ が存在して相互作用すること
とする．ここで，圏どうしは同値とは限らないが，随伴は二番手（や三番手）の考
え方というわけではない．しばしば，同値の概念を緩めることで，数学の豊かな概
念を手にできる．この場合がまさにそうである．

　　この章では，随伴関手を導入し，トポロジーでのさまざまな構成に光を当てるの
に使う．5.1節で形式的な定義を与え，いくつかの例として，代数における自由構
成，**Top** における忘却関手，ストーン–チェックのコンパクト化をそれぞれ5.2節，
5.3節，5.5節で紹介する．そして，特によい随伴である積–hom 随伴を用いて，写

像空間に適した位相を入れるための動機を与える. 5.6 節では, コンパクト開位相とよばれる写像空間の位相について詳しく見ていく. その内容を数ページかけて解説する. 最後に 5.7 節で, コンパクト生成弱ハウスドルフ空間の圏という, 特によい位相空間の圏の議論で終わる. ページが進むごとに, われわれは鳥になり蛙になる. 圏論的な視点は, しばしば対象や構成を特徴づける重要な性質に焦点を当てる反面, 実体そのものを詳細に語ることはできない. 実体を知るにはぬかるみに落ちなければならない.

5.1 随 伴

上で述べたように, 随伴とは関手の対 L と R と自然変換の対 η と ϵ とが, ある規則で相互作用することである. 初心者にわかりやすい同値な定義があるので, 以下ではまず随伴の定義を紹介してから一つ例を見て, この同値な定義を紹介する.

> **定義 5.1** $\mathbf{C}$ と $\mathbf{D}$ を圏とする. $\mathbf{C}$ と $\mathbf{D}$ の間の**随伴** (adjunction) とは, 関手の対 $L : \mathbf{C} \to \mathbf{D}$ と $R : \mathbf{D} \to \mathbf{C}$ と, 各対象 $X \in \mathbf{C}$ と $Y \in \mathbf{D}$ に対してそれぞれの成分に関して自然である同型
>
> $$\mathbf{D}(LX, Y) \xleftrightarrow{\cong} \mathbf{C}(X, RY) \qquad (5.1)$$
>
> のことである. 関手 L を**左随伴** (left adjoint), 関手 R を**右随伴** (right adjoint) という. 随伴同型は一方の射を随伴の射に移し, 射 f の随伴を $\hat{f}$ で表す. これらすべての情報を
>
> $$L : \mathbf{C} \xleftrightarrow{\quad\quad} \mathbf{D} : R$$
>
> と表したり, もっと簡単に $L \dashv R$ と書いたりもする.

式 (5.1) の同型がそれぞれの成分に関して「自然である」とは, 自然変換を通してという意味である. より正確に表すと, 以下のようになる. $\mathbf{C}$ の任意の対象 X に対し, hom 関手 $\mathbf{D} \to \mathbf{Set}$ の対

$$\mathbf{D}(LX, -), \quad \mathbf{C}(X, R-)$$

が得られる. 同じく $\mathbf{D}$ の任意の対象 Y に対し, hom 関手 $\mathbf{C}^{\mathrm{op}} \to \mathbf{Set}$ の対

$$\mathbf{D}(L-, Y), \quad \mathbf{C}(-, RY)$$

が得られる．$\mathbf{D}(LX, Y) \overset{\cong}{\longrightarrow} \mathbf{C}(X, RY)$ が「それぞれの成分で自然である」とは，関手の自然変換

$$\mathbf{D}(LX, -) \overset{\cong}{\longrightarrow} \mathbf{C}(X, R-)$$

$$\mathbf{D}(L-, Y) \overset{\cong}{\longrightarrow} \mathbf{C}(-, RY)$$

が存在することである．

■**例 5.1**　任意の集合 X, Y, Z に対し，全単射 $Y^{X \times Z} \overset{\cong}{\longrightarrow} (Y^X)^Z$ は随伴から得られる．関手 $X \times - : \mathbf{Set} \to \mathbf{Set}$ は，関手 $\mathbf{Set}(X, -) : \mathbf{Set} \to \mathbf{Set}$ の左随伴である．これを説明するため，集合 X を固定して，二つの関手を次のように定義する．

$$L := X \times - : \mathbf{Set} \to \mathbf{Set}, \quad R := \mathbf{Set}(X, -) : \mathbf{Set} \to \mathbf{Set}$$

このとき，次のようになる．

$$\mathbf{Set}(LZ, Y) = Y^{X \times Z} \cong (Y^X)^Z = \mathbf{Set}(Z, RY) \qquad ■$$

　設定 $L : \mathbf{Set} \rightleftarrows \mathbf{Set} : R$ を**積 - hom 随伴**（product-hom adjunction）といい，今後しばしば登場する．「積 - hom」の「hom」は「homomorphism（準同型）」から来ている．以前は圏論での射（morphism）を homomorphism とよんでいた名残である．

5.1.1　随伴の単位と余単位

　随伴 $L : \mathbf{C} \rightleftarrows \mathbf{D} : R$ と随伴同型

$$\varphi_{X,Y} : \mathbf{D}(LX, Y) \overset{\cong}{\longrightarrow} \mathbf{C}(X, RY) \qquad (5.2)$$

において，$Y = LX$ とすると，次の同型が得られる．

$$\varphi_{X,LX} : \mathbf{D}(LX, LX) \overset{\cong}{\longrightarrow} \mathbf{C}(X, RLX)$$

この同型の下で，圏 $\mathbf{D}$ の射 id_{LX} は圏 $\mathbf{C}$ の射 $\eta_X := \varphi_{X,LX}(\mathrm{id}_{LX}) : X \to RLX$ に対応する．これらの対応が集まって，自然変換

$$\eta : \mathrm{id}_{\mathbf{C}} \to RL$$

が定まる．これを随伴の**単位**（unit）という．別の言い方をすると，単位は恒等射の随伴 $\eta_X := \widehat{\mathrm{id}_{LX}}$ が集まってできている．同様に，$X = RY$ に対し，同型

$$\varphi_{RY,Y} : \mathbf{D}(LRY, Y) \overset{\cong}{\longrightarrow} \mathbf{C}(RY, RY)$$

の下で，$\mathbf{C}$ の射 id_{RY} は射 $\epsilon_Y := \widehat{\mathrm{id}_{RY}} : LRY \to Y$ に対応し，自然変換

$$\epsilon : LR \to \mathrm{id}_{\mathbf{D}}$$

を定義する．これを随伴の**余単位**（counit）という．

　随伴の単位と余単位を理解することは，同型 (5.2) と対応する普遍的性質を理解することの助けになる．たとえば，$X \in \mathbf{C}$ について，任意の $Y \in \mathbf{D}$ と $f : X \to RY$ に対し，$g\eta_X = f$ を満たす射 $g : RLX \to RY$ がただ一つ存在する．等式 $g\eta_X = f$ は随伴同型 $\varphi : \mathbf{D}(LX, -) \to \mathbf{C}(X, R-)$ の自然性から導かれる．

実際，g を具体的に $R\hat{f}$ と同一視できる．

　具体的には X と Y を固定して，$f \in \mathbf{C}(X, RY)$ に対し，$\varphi\hat{f} = f$ を満たす随伴射 $\hat{f} \in \mathbf{D}(LX, Y)$ が定まる．さらに，次の図式が可換になる．

$$
\begin{array}{ccc}
\mathbf{D}(LX, LX) & \overset{\varphi}{\longrightarrow} & \mathbf{C}(X, RLX) \\
\downarrow{\scriptstyle \hat{f}_*} & & \downarrow{\scriptstyle (R\hat{f})_*} \\
\mathbf{D}(LX, Y) & \overset{\varphi}{\longrightarrow} & \mathbf{C}(X, RY)
\end{array}
$$

$\mathrm{id}_{LX} \in \mathbf{D}(LX, LX)$ を選んで $\varphi\mathrm{id}_{LX} = \eta_X$ に注意すると，可換性より $\varphi\hat{f} = R\hat{f}\eta$，つまり $f = g\eta$ で $g = R\hat{f}$ である．

■**例5.2**　積 – hom 随伴 $L : \mathbf{Set} \rightleftarrows \mathbf{Set} : R$ の単位と余単位を調べてみよう．ここで，

$$L := X \times - : \mathbf{Set} \to \mathbf{Set} \quad \text{および} \quad R := \mathbf{Set}(X, -) : \mathbf{Set} \to \mathbf{Set}$$

である．この随伴の余単位は，$\mathrm{eval}(x, f) = f(x)$ で定義される**評価写像**（evaluationmap）eval : $X \times Y^X \to Y$ である．単位は，$z \mapsto (-, z)$ で定義される写像 $Z \to (X \times Z)^X$ である．ここで，$(-, z) : X \to X \times Z$ は写像 $x \mapsto (x, z)$ である．

■

　自然変換 η と ϵ は，随伴の別の定義を与える．

> **定義 5.2**　圏 **C** と **D** の間の随伴とは，関手の対 $L : \mathbf{C} \to \mathbf{D}$ と $R : \mathbf{D} \to \mathbf{C}$ と自然変換 $\eta : \mathrm{id}_\mathbf{C} \to RL$ と $\epsilon : LR \to \mathrm{id}_\mathbf{D}$ で，任意の対象 $X \in \mathbf{C}$ と $Y \in \mathbf{D}$ に対し，次の三角形を可換にするものである．
>
>

定義 5.1 と定義 5.2 が同値であることを確かめるのはよい練習になる（演習問題 1）．
　以下のいくつかの節で，随伴のさらなる例を見ていく．最初の例は代数に，残りの例はトポロジーに由来する．

5.2　代数における自由 - 忘却随伴

　代数における自由構成（自由加群，自由群，自由アーベル群，自由モノイドなど）は普遍性を用いて定義される．ほかの自由構成の議論への変更はたいてい容易なので，ここでは具体例として自由群を考えよう．

> 集合 S 上の自由群とは，群 FS と集合間の写像 $\eta : S \to FS$ で，任意の群 G と任意の集合間の写像 $f : S \to G$ に対し，ただ一つの群の準同型 $\hat{f} : FS \to G$ が存在して，$\hat{f} \eta = f$ を満たすものとする．

　次の図式は理解の助けになると同時に，頭の混乱の原因にもなる．

図式の中で，ある対象は集合で別の対象は群で，ある矢印は集合の写像で別の矢印は群の準同型だからである．群から集合への**忘却関手**（forgetful functor）U を使

うと，状況はすっきりする．

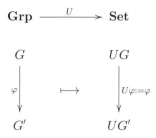

　群ごとに下部構造（underlying）の集合を対応させ，群ごとの準同型写像に下部構造の集合の写像を対応させる（そのため，記号「U」を用いる）．「忘却」の意味は，定義域の対象がもっている構造を忘れるということである．何らかのデータを無視する関手の多くに使える形容詞である．

　U を使うと，集合 S 上の**自由群**（free group）とは，群 FS と写像 $\eta : S \to UFS$ の組で，任意の群 G と任意の写像 $f : S \to UG$ に対し，ただ一つの写像 $\hat{f} : FS \to G$ が存在して $f = U\hat{f}\eta$ を満たすものである．よって，**Set** での図式は下のようになる．

自由群の定義の中の「が存在して」は，任意の群 G に対し写像 $\mathbf{Grp}(FS, G) \to \mathbf{Set}(S, UG)$ が全射であることを意味する．自由群の定義の中の「ただ一つの」は，写像 $\mathbf{Grp}(FS, G) \to \mathbf{Set}(S, UG)$ が単射であることを意味する．よって，「自由」と「忘却」は随伴の対 $F : \mathbf{Set} \rightleftarrows \mathbf{Grp} : U$ を成し，次の同型を与える．

$$\mathbf{Set}(S, UG) \cong \mathbf{Grp}(FS, G)$$

注意 5.1　自由群の定義における普遍性は，任意の群 G と集合の写像 $S \to UG$ の設定でも理解できる．この設定で圏を構成することができ，その圏を U^S としよう．U^S の対象は群 G と集合の写像 $S \to UG$ である．二つの対象 $S \xrightarrow{f} UG$ と $S \xrightarrow{f'} UG'$ の間の射は，$U\varphi f = f'$ を満たす群の準同型 $\varphi : G \to G'$ である．図式で表すと次のようになる．

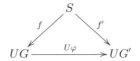

このとき，

集合 S 上の自由群は圏 U^S の始対象である.

　集合 S と関手 $U : \mathbf{Grp} \to \mathbf{Set}$ という素朴な材料から作られた圏 U^S に，普遍性の性質が込められている. このとき，普遍性をもつ対象（始対象）は，圏論で馴染みのある対象である.

　ここでの代数的な議論は忘却関手によって生じた. トポロジーの設定でも忘却関手があり，さらなる随伴の例を与える.

5.3　忘却関手 $U : \mathbf{Top} \to \mathbf{Set}$ とその随伴

　忘却関手 $U : \mathbf{Top} \to \mathbf{Set}$ とは，位相空間 $(X, \mathcal{T}_X)$ に集合 X を，連続写像 $f : (X, \mathcal{T}_X) \to (Y, \mathcal{T}_Y)$ に集合間の写像 $f : X \to Y$ を対応させる関手である. この関手は $\mathbf{Top}$ において，左随伴かつ右随伴である. 任意の集合 X に対し，離散位相空間 $(X, \mathcal{T}_{\mathrm{discrete}})$ を対応させる関手を $D : \mathbf{Set} \to \mathbf{Top}$ とする. 任意の写像 $f : X \to Y$ に対し，$Df = f$ は連続写像になる. この設定 $D : \mathbf{Set} \rightleftarrows \mathbf{Top} : U$ は随伴である. 実際，任意の集合 X と位相空間 Y に対し，

$$\mathbf{Top}(DX, Y) \cong \mathbf{Set}(X, UY)$$

となる. 右辺において，集合 X から位相空間への単なる写像を考える. 左辺において，離散位相空間からの任意の写像は連続なので，すべての写像 $X \to Y$ は連続関数 $DX \to Y$ である.

　しかしここで，もう一つの関手 $I : \mathbf{Set} \to \mathbf{Top}$ が存在する. 集合に密着位相空間を対応させ，任意の写像 $f : X \to Y$ にそれ自身を対応させると，連続写像になる. このとき，$U : \mathbf{Top} \rightleftarrows \mathbf{Set} : I$ も随伴である. 実際，任意の位相空間 X と集合 Y に対し，

$$\mathbf{Set}(UX, Y) \cong \mathbf{Top}(X, IY)$$

となる. 左辺において，集合 X から集合 Y への任意の写像を考える. 右辺におい

て，密着位相空間への任意の写像は連続なので，すべての写像 $X \to Y$ は，連続関数 $X \to IY$ である．

　これらの随伴から生じる普遍性は，たいして意味があるようには見えない．しかし，U が左随伴かつ右随伴であることから，重要な結果が得られる．特に重要なものとして，次の定理がある．

定理 5.1　$L : \textbf{C} \to \textbf{D}$ が右随伴をもつならば，L は余連続である．$R : \textbf{D} \to \textbf{C}$ が左随伴をもつならば，R は連続である．

証明　第 4 章の演習問題 8 より，任意の関手 $F : \textbf{B} \to \textbf{C}$ に対し，次の自然な同型が存在する．

$$\textbf{C}(\mathrm{colim}\, F, Y) \cong \lim \textbf{C}(F-, Y)$$

よって，

$$\begin{aligned}
\textbf{D}(L(\mathrm{colim}\, F), Y) &\cong \textbf{C}(\mathrm{colim}\, F, RY) \\
&\cong \lim \textbf{C}(F-, RY) \\
&\cong \lim \textbf{D}(LF-, Y) \\
&\cong \textbf{D}(\mathrm{colim}\, LF, Y)
\end{aligned}$$

となる．つまり，$L(\mathrm{colim}\, F)$ は $\mathrm{colim}\, LF$ の普遍性をもつ．よって，特に余極限は（存在すれば）一意的な同型を除いて一意的より，

$$L(\mathrm{colim}\, F) \cong \mathrm{colim}\, LF$$

となる．つまり，L は余連続である．同様の議論で右随伴は連続であることを，演習問題 10 で確認してほしい．　　　□

系 5.1　右随伴は積を保存する．

証明　積は極限であることから明らか．　　　□

　この結果から，$\textbf{Top}$ において積や余積，部分空間や商空間，イコライザや余イコライザ，押し出しや引き戻しが存在すると，$\textbf{Set}$ でも対応する構成が存在することがわかる．つまり，$\textbf{Top}$ においてこれらが存在すれば，忘却関手 $U : \textbf{Top} \to \textbf{Set}$ はこれらを保存するからである．

5.4 随伴関手定理 ─────────────

定理 5.1 の逆はどうだろうか. $R : \mathbf{D} \to \mathbf{C}$ を任意の関手とする. どのような条件の下であれば, R は左随伴をもつだろうか. 明らかに R は連続でなければならない. R が連続なら十分だろうか. そうとは限らない状況を説明してみよう. 任意の対象 $X \in \mathbf{C}$ に対し, $\mathbf{D}$ の対象 Y と射 $X \to RY$ の対を対象とする圏 R^X を考える. $f : X \to RY$ と $f' : X \to RY'$ の間の射は, $(Rg)f = f'$ を満たす射 $g : Y \to Y'$ とする. 注意 5.1 と同じく, 与えられた関手 $L : \mathbf{C} \to \mathbf{D}$ に対し, 任意の Y に対して $\mathbf{D}(LX, Y) \cong \mathbf{C}(X, RY)$ を満たす対象 $LX \in \mathbf{D}$ は, R^X の始対象である. もし任意の X に対して圏 R^X の始対象 LX が存在すれば, それらは集まって左随伴 $L : \mathbf{C} \to \mathbf{D}$ を構成する. 任意の圏で, 始対象は恒等関手の極限である. よって, R が左随伴をもつための必要十分条件は, 任意の対象 X に対し圏 R^X の恒等関手が極限をもつことである. $\mathbf{D}$ が完備な圏であるとき, 関手 R が連続ならば R^X は完備である. しかし, R^X が完備であっても, R^X の恒等関手は小さな図式とは限らない. そこで, 随伴関手定理とよばれる何種類かの定理があり, それによると, R が連続で $\mathbf{D}$ が完備で, さらに何がしかの仮定を満たせば, R^X は小さな図式の極限をもち, そのことから R^X の恒等関手は極限をもつ. この本ではいかなる随伴関手定理も使わないが, そのような定理が存在することは知っておいたほうがよい. ここでは仮定するものとして, 解集合条件 (Mac Lane, 2013; Freyd, 1969) について述べてみよう.

解集合条件 関手 $R : \mathbf{D} \to \mathbf{C}$ が**解集合条件** (solution set condition) を満たすとは, $\mathbf{C}$ の任意の対象 X に対し, $\mathbf{D}$ の対象の集合 $\{Y_i\}$ と射の集合

$$S = \{f_i : X \to RY_i\}$$

が存在して, 任意の $f : X \to RY$ は $\mathbf{D}$ の射 $Y_i \to Y$ に沿って, ある $f_i \in S$ を経由することである.

随伴関手定理 (adjoint functor theorem) $\mathbf{D}$ が完備で, $R : \mathbf{D} \to \mathbf{C}$ が連続で解集合条件を満たすならば, R は左随伴 $L : \mathbf{C} \to \mathbf{D}$ をもつ.

ここで述べたこと以上の詳細については, 古典的な文献 Mac Lane (2013) か, すばらしい本 Riehl (2016) の section 4.6 を, また応用を含めた随伴の啓発的な扱

いについては Spivak (2014) を参照してほしい．次の話題に移る前に，右随伴の存在についての随伴関手定理も存在することを述べておく．それらが仮定するのは，$L : \mathbf{C} \to \mathbf{D}$ が余連続で $\mathbf{C}$ が余完備であって，解集合条件の「余」版を満たす場合である．

この節では **Top** における忘却関手とその随伴の考察から，随伴関手定理の議論を始めた．トポロジーにおける随伴の別の重要な例として，コンパクト化がある．

5.5　コンパクト化

> **定義 5.3**　位相空間の**コンパクト化**（compactification）とは，コンパクトハウスドルフ空間への稠密部分空間としての埋め込みのことである．

よって，X のコンパクト化とは，コンパクトハウスドルフ空間 Y と連続単射 $i : X \to Y$ の対で，$X \cong iX \subset Y$ かつ $\overline{X} = Y$ を満たすものである．ハウスドルフ空間の任意の部分空間もハウスドルフ空間より，ハウスドルフ空間のみコンパクト化が考えられることに注意する．

■ **例 5.3**　包含 $(0,1) \hookrightarrow [0,1]$ と，$t \mapsto (\cos 2\pi t, \sin 2\pi t)$ で定義される写像 $(0,1) \hookrightarrow S^1$ は，ともにコンパクト化である．離散位相空間 $X = (0,1)$ に対し，写像 $(0,1) \hookrightarrow [0,1]$ は埋め込みではないので，コンパクト化ではない． ■

5.5.1　1点コンパクト化

位相空間 X のコンパクト化 Y が X に 1 点を付け加えることで得られるとき，$X \hookrightarrow Y$ を **1点コンパクト化**（one-point compactification）とか，ときにはアレキサンドロフ（Alexsandroff）の 1 点コンパクト化という．コンパクトでない位相空間 X が 1 点コンパクト化をもつための必要十分条件は，X がハウスドルフかつ局所コンパクトであることである．位相空間が 1 点コンパクト化をもつなら，一意的である．

このことを確かめるため，$X \hookrightarrow X^*$ をコンパクト化とし，$X^* \setminus X = \{p\}$ とする．p の開近傍は X のコンパクト集合の補集合に一致することを以下で示そう．p を含む開集合の補集合は，コンパクト空間の閉集合なのでコンパクトである．逆に，K を $X \subset X^*$ のコンパクト部分集合とすると閉集合で，その X^* における補集合は p

を含む開集合になるからである．X はハウスドルフより，X の点は $p \in X^* \setminus X$ から開集合で分離されるため，X の任意の点はコンパクト集合に含まれる近傍をもつので，X は局所コンパクトである．X が X^* の稠密部分集合であることより $\{p\}$ は開集合ではなく，よって，X ははじめからコンパクトではない．

逆に，任意の位相空間 X から始めて 1 点 p を付け加え，p の開近傍を X のコンパクト集合の補集合として定義する．X がハウスドルフかつ局所コンパクトでコンパクトではないとすると，$X^* = X \cup \{p\}$ 上に得られる位相はコンパクトかつハウスドルフで，X を稠密部分集合として含む．

では，1 点コンパクト化はどのような性質をもっているだろうか．

> **定理 5.2**　X は局所コンパクトハウスドルフ空間でコンパクトではないとする．$i : X \to X^*$ を X の 1 点コンパクト化とする．$e : X \to Y$ を任意のコンパクト化とすると，$qe = i$ を満たす商写像 $q : Y \to X^*$ が一意的に存在する．
>
>

証明　証明のアイデアは，$Y \setminus eX$ を 1 点と同一視する商空間が X^* と同相になることである．詳細は各自で確認してほしい．　□

この定理は便利ではあるが，「X の 1 点コンパクト化は，X の最小のコンパクト化である」ということ以上のことは語っていないので，驚くに値しない．1 点コンパクト化の対極にあるコンパクト化がストーン–チェックのコンパクト化で，こちらは圏論的によい性質をもっている．

5.5.2　ストーン–チェックのコンパクト化

CH はコンパクトハウスドルフ空間が対象で，連続写像が射である圏とする．関手 $U : \mathbf{CH} \to \mathbf{Top}$ を，対象と射ともに恒等変換で移す包含とする．関手 U は左随伴 $\beta : \mathbf{Top} \to \mathbf{CH}$ をもち，それを**ストーン–チェックのコンパクト化**（Stone-Čech compactification）という．β の構成については，May (2000) の construction 6.11 に概略があり，Munkres (2000) の section 38 に詳細が説明されている．

ここでは，その関手的な表示と意味を考えるにとどめておこう．β は U の左随伴

とする．つまり，任意の位相空間 X と任意のコンパクトハウスドルフ空間 Y に対し，次の自然な全単射が存在する．

$$\mathbf{CH}(\beta X, Y) \cong \mathbf{Top}(X, UY) = \mathbf{Top}(X, Y)$$

これは，位相空間 X からコンパクトハウスドルフ空間 Y への連続写像 $f : X \to Y$ が，ちょうど連続写像 $\hat{f} : \beta X \to Y$ に対応していることをいっている．βX からの連続写像を指定することは，βX を決定するが，βX の存在は示していない．存在を示すためには，上記の参考文献に載っている構成を用いるか，ある種の随伴関手定理によって，$U : \mathbf{CH} \to \mathbf{Top}$ が左随伴をもつことを示すこともできる（Mac Lane, 2013）．

ストーン–チェックのコンパクト化随伴

$$\beta : \mathbf{Top} \rightleftharpoons \mathbf{CH} : U$$

の単位は，射 $\eta : X \to U\beta X$ を定義する．$U\beta X = \beta X$ より，U の左随伴としてのストーン–チェックのコンパクト化は，任意の位相空間 X からコンパクトハウスドルフ空間 βX を作り出すだけではない．普遍性をもつ連続写像 $\eta : X \to \beta X$ も作り出す．位相空間 X からコンパクトハウスドルフ空間 Y への任意の連続写像 $f : X \to Y$ に対し，f の随伴である写像 $U\hat{f} = \hat{f} : \beta X \to Y$ が一意的に存在して，$\hat{f}\eta = f$ を満たす．図式で表すと，次のようになる．

X が局所コンパクトでハウスドルフのとき，写像 $\eta : X \to \beta X$ は X のコンパクト化である．つまり，$\eta : X \to \beta X$ は埋め込みで，$\overline{X} = \beta X$ となる．このとき，任意のコンパクトハウスドルフ空間 Y に対し，写像 $\hat{f} : \beta X \to Y$ は写像 $f : X \to Y$ の拡張である．

上の三角形は，5.2 節で自由群を定義する際に議論した三角形と似ていると思ったかもしれない．これは偶然の一致ではない．さらに，すでに述べた構成に加えて，超フィルターを用いても，ストーン–チェックのコンパクト化を構成することができる．任意の位相空間 X に対し，X の超フィルターの集合 βX に自然な位相が存在する．この位相を備えた位相空間 βX はコンパクトハウスドルフで，各点をその点の

定める単項超フィルターに対応させる埋め込み $\eta_X : X \to \beta X$ は，ストーン–チェックのコンパクト化の実現になっている．超フィルターの関手 β にモナドとよばれる代数構造があることは，この章の最初で触れた代数的な圏の自由–忘却随伴とストーン–チェックのコンパクト化のさらなる類似点を与える．より詳しいことについて興味のある読者は，nLab (Stacey et al., 2019) に載っているたくさんの記事や，E. Manes の元論文 (1969) を参照してほしい.

最後に，ストーン–チェックのコンパクト化と異なり，局所コンパクトハウスドルフ空間 X の1点コンパクト化 X^* は，簡単に定義できるが射に関してよい性質をもっていないことを注意しておく．明らかに，次の同型は成立しない.

$$\mathbf{CH}(X^*, Y) \cong \mathbf{Top}(X, Y)$$

簡単な例として，$X = (0,1)$ とし，その1点コンパクト化 $i : (0,1) \to S^1$ を考える．$Y = [0,1]$ とし，包含 $f : (0,1) \to [0,1]$ を考えると，連続関数 $S^1 \to [0,1]$ に拡張できない．つまり，以下の図式を可換にする斜め方向の写像が存在しない.

$$
\begin{array}{c}
S^1 \\
\uparrow{\scriptstyle i} \\
(0,1) \xrightarrow{\ f\ } [0,1]
\end{array}
$$

次の節でも，トポロジーにおける随伴の考察を続ける．これまで，代数における自由構成や $\mathbf{Top}$ での忘却関手とその随伴，コンパクト化を議論してきた．これらすべては随伴の言葉で統一できる．次の節では，話題を写像空間に移す．任意の位相空間 X と Y に対し，それらの間の連続写像の全体を $\mathbf{Top}(X, Y)$ とする．この集合を位相空間とみなせるだろうか．つまり，任意の $X, Y \in \mathbf{Top}$ に対し，$\mathbf{Top}(X, Y)$ を有用な方法で $\mathbf{Top}$ の対象とみなせないだろうか．ベクトル空間 V と W の間の線形写像全体の集合 $\mathbf{Vect}_k(V, W)$ にベクトル空間の構造を入れることより，$\mathbf{Top}(X, Y)$ に都合のよい位相を入れるほうが，より微妙な問題であることを見ていく．第1章において，$\mathbf{Set}$ における普遍性をガイドとして，古い空間から新しい空間を構成した．写像空間に位相を入れる場合にも圏論的方針を用いる．今回のガイドは，$\mathbf{Set}$ における積–hom 随伴である.

5.6 ベキ位相

X と Y を位相空間とする．連続写像の全体 $\mathbf{Top}(X,Y)$ に位相を入れて写像空間にするという一般的な問題を考える．はっきりいって，積位相はたいてい $\mathbf{Top}(X,Y)$ に適した位相ではない．なぜなら，X を単に添字集合としてしか用いないからである．では，$\mathbf{Top}(X,Y)$ の位相が備えるべき性質は何だろう．参考として，満たすべき性質を以下に述べよう．

満たすべき性質 固定された位相空間 X に対し，

$$X \times - : \mathbf{Top} \to \mathbf{Top} \quad \text{と} \quad \mathbf{Top}(X,-) : \mathbf{Top} \to \mathbf{Top}$$

は随伴対を成すべきである．つまり，任意の位相空間 Y と Z に対し，集合の同型 $\mathbf{Top}(X \times Z, Y) \cong \mathbf{Top}(Z, \mathbf{Top}(X,Y))$ が成り立つべきである．

この性質について調べよう．まず，三つの固定された位相空間 X，Y，Z を考える．2 変数の写像 $g : X \times Z \to Y$ において，変数 $z \in Z$ を固定して $g(-,z) : X \to Y$ とすることで，写像 $X \to Y$ が得られる．$\mathbf{Top}(X,Y)$ の位相の性質として，g が連続ならば，対応する $Z \to \mathbf{Top}(X,Y)$ も連続であってほしい．逆に，$Z \to \mathbf{Top}(X,Y)$ が連続ならば，位相空間 Z について連続的にパラメータづけされている X から Y への連続写像を集めて，一つの 2 変数連続写像 $X \times Z \to Y$ にできるようにしたい．

さて，満たすべき性質をより詳しく見ていこう．$g : X \times Z \to Y$ を連続とする．その随伴を $\hat{g} : Z \to \mathbf{Top}(X,Y)$ とする．$\hat{g}$ が連続になるためには，$\mathbf{Top}(X,Y)$ の位相は比較的粗いはずである．しかし，$\mathbf{Top}(X,Y)$ の位相が（たとえば密着位相のように）粗すぎると，$\mathbf{Top}(Z, \mathbf{Top}(X,Y))$ は連続写像を多く含みすぎて，連続写像 $g : X \times Z \to Y$ の随伴でないものまで含んでしまう．これは巧みにバランスをとる必要がある作業である．$\mathbf{Top}(X,Y)$ の位相が存在して，任意の位相空間 Z に対し，対応 $g \mapsto \hat{g}$ が集合の全単射

$$\mathbf{Top}(X \times Z, Y) \cong \mathbf{Top}(Z, \mathbf{Top}(X,Y))$$

を定めるなら，そのような位相は一意的であることを定理 5.3 で示す（Arens and Dugundji, 1951; Escardó and Heckmann, 2002）．これを $\mathbf{Top}(X,Y)$ の**ベキ位相**（exponential topology）とよぼう．

　このバランスのとれた操作は，第1章で古い空間から新しい空間を作り出した操作を思い出させる．それはここでやっていることと同じである．つまり，与えられた二つの位相空間 X と Y に対し，X から Y への連続写像全体の集合から位相空間を新たに作り出す．第1章では **Set** での同様の構成を特徴づける普遍性がガイドとなった．ここでは **Set** での積 – hom 随伴が圏論的ガイドになる．詳しく見ていこう．

　$g : Z \times X \to Y$ が連続ならば $\hat{g} : Z \to \mathbf{Top}(X, Y)$ が連続である $\mathbf{Top}(X, Y)$ の位相を**分裂的**（splitting）という．逆に，$\hat{g} : Z \to \mathbf{Top}(X, Y)$ が連続ならば $g : Z \times X \to Y$ が連続である $\mathbf{Top}(X, Y)$ の位相を**結合的**（conjoining）という．この用語を用いて先ほどの注意を繰り返すと（Render, 1993），$\mathbf{Top}(X, Y)$ の位相は分裂的より粗く，結合的より細かくあるべきである．分裂的かつ結合的な $\mathbf{Top}(X, Y)$ の位相を**指数的**（exponential）位相またはベキ位相という．

　二つのことを心に留めておこう．一つ目は，評価写像は **Set** における積 – hom 随伴の余単位である．二つ目は，評価写像の随伴は恒等写像である．これらを合わせると，結合的な位相の大変よい特徴づけができる．

補題 5.1　$\mathbf{Top}(X, Y)$ の位相が結合的であるための必要十分条件は，評価写像 $\mathrm{eval} : X \times \mathbf{Top}(X, Y) \to Y$ が連続であることである．

証明　評価写像が連続になるような $\mathbf{Top}(X, Y)$ の位相が入っているとする．連続写像 $\hat{g} : Z \to \mathbf{Top}(X, Y)$ を考え，次の図式を見る．

$$X \times Z \xrightarrow{\mathrm{id} \times \hat{g}} X \times \mathbf{Top}(X, Y) \xrightarrow{\mathrm{eval}} Y$$

恒等写像は連続で，$\hat{g}$ は連続で，eval は連続であるから，合成写像 $\mathrm{eval}(\mathrm{id} \times \hat{g})$ も連続である．合成が g そのものなので，$\mathbf{Top}(X, Y)$ の位相は結合的である．

　逆に，$\mathbf{Top}(X, Y)$ の位相が結合的ならば，評価写像の随伴 $\widehat{\mathrm{eval}} : \mathbf{Top}(X, Y) \to \mathbf{Top}(X, Y)$ は恒等写像より連続なので，評価写像は連続である．　　　　　□

補題 5.2　$\mathbf{Top}(X, Y)$ の任意の分裂的な位相は，任意の結合的な位相より粗い．

証明　$\mathcal{T}$ と $\mathcal{T}'$ を $\mathbf{Top}(X, Y)$ の位相とする．$\mathcal{T}'$ が結合的ならば，評価写像 $\mathrm{eval} : X \times (\mathbf{Top}(X, Y), \mathcal{T}') \to Y$ は連続である．さらに $\mathcal{T}$ が分裂的ならば，評価写像 $\mathrm{eval} : X \times (\mathbf{Top}(X, Y), \mathcal{T}') \to Y$ の随伴は連続である．評価写像の随伴は恒等写像 $(\mathbf{Top}(X, Y), \mathcal{T}') \to (\mathbf{Top}(X, Y), \mathcal{T})$ なので，$\mathcal{T} \subset \mathcal{T}'$ である．　　　　　□

上記のバランスのとれた操作は補題 5.2 から導かれる.

| 定理 5.3 $\mathbf{Top}(X, Y)$ にベキ位相が存在すれば,それは一意的である.

証明 $\mathcal{T}$ と $\mathcal{T}'$ を $\mathbf{Top}(X, Y)$ のベキ位相とする.$\mathcal{T}$ は分裂的で $\mathcal{T}'$ は結合的より,$\mathcal{T} \subset \mathcal{T}'$ である.立場を入れ替えると,$\mathcal{T}$ は結合的で $\mathcal{T}'$ は分裂的より,$\mathcal{T} \subset \mathcal{T}'$ である. □

すでに気づいているかもしれないが,問題点は,$\mathbf{Top}(X, Y)$ のベキ位相が必ずしも存在するとは限らないことである.$\mathbf{Top}(X, Y)$ の分裂的な位相と結合的な位相には隔たりがある.よってこの段階で,関手 $X \times - : \mathbf{Top} \to \mathbf{Top}$ の随伴を,「随伴関手定理」を用いて探せないかと考えたくなるだろう.もしそうするなら,$X \times -$ が余極限を保つような範囲を探さなくてはならない.$X \times -$ が余極限を保つかどうかは X に依存する.$X \times -$ が余極限を保つ X の特徴づけは 1970 年に行われ,core-compact と名づけられた(Day and Kelly, 1970).ここでは core-compact の定義は省略する.ただし,ハウスドルフ空間においては,core-compact と局所コンパクトは同値であることは述べておく.よって,局所コンパクトハウスドルフ空間 X と任意の位相空間 Y に対し,$\mathbf{Top}(X, Y)$ のベキ位相は存在する.さらによいことに,X が局所コンパクトハウスドルフ空間ならば,このベキ位相は古典的にコンパクト開位相とよばれていた位相と一致することを定理 5.6 で示す(Fox, 1945).よって,少なくとも X が局所コンパクトでハウスドルフならば,古典的なトポロジーの考えを用いて,写像空間において期待する圏論的性質を考え始めることができる.このことを以降で行う.

コンパクト開位相に進む前に,圏論一般の注意をしておこう.有限積をもつ任意の圏 $\mathbf{C}$ において,任意の $X, Y \in \mathbf{C}$ に対し,集合 $\mathbf{C}(X, Y)$ は $\mathbf{C}$ の対象と考えられるだろうか,また考えられるなら,積-hom 随伴 $X \times - : \mathbf{C} \rightleftarrows \mathbf{C} : \mathbf{C}(X, -)$ が成立するだろうか.もし答えがイエスなら,その圏を**カルテシアン閉**(Cartesian closed)という.ベキ位相が常に存在するとは限らないのは,$\mathbf{Top}$ がカルテシアン閉でないことを意味する.積-hom 随伴が存在して,この章で問題とする位相空間を含んでいるくらい十分に豊かである位相空間の「適当な」圏は何だろう(Brown, 2006; Steenrod, 1967; Stacey et al., 2019).局所コンパクトハウスドルフ空間の圏はそのような圏では,と期待するかもしれない.しかしそうではない.X と Y が局所コンパクトかつハウスドルフでも,$\mathbf{Top}(X, Y)$ もそうとは限らない.この章の

最後の 5.7 節で，適したカルテシアン閉である位相空間の圏を探すことを議論する．そこでの議論において，随伴による見方が再び変わることになる．

5.6.1　コンパクト開位相

コンパクト開位相を定義して，その感覚をつかんでもらおう．

定義 5.4　X と Y を位相空間とする．任意のコンパクト集合 $K \subset X$ と開集合 $U \subset Y$ に対し，$S(K, U) := \{f \in \mathbf{Top}(X, Y) \mid fK \subset U\}$ とする．集合 $S(K, U)$ の集まりは $\mathbf{Top}(X, Y)$ の部分開基を成し，それは**コンパクト開位相**（compact-open topology）とよばれる．

$\mathbf{Top}(X, Y)$ の積位相の部分開基の元として，次の集合がとれる．

$$S(F, U) = \{(f : X \to Y) \mid fF \subset U\}$$

ここで，$F \subset X$ は有限集合で，$U \subset Y$ は開集合である．つまり，積位相は「有限・開」位相である．X が離散位相空間の場合，すべての写像 $X \to Y$ は連続なので，$\mathbf{Top}(X, Y)$ のコンパクト開位相は $\mathbf{Top}(X, Y)$ の積位相に一致する．より一般に，有限集合はコンパクトなので，コンパクト開位相は積位相より細かい．結果として，積位相よりコンパクト開位相のほうが，収束するフィルターは少ない．

実際，収束の仕方を注意深く観察すると，積位相とコンパクト開位相の違いがわかってくる．点列の観察から始めよう．関数列 $\{f_n : [0, 1] \to [0, 1]\}_{n \in \mathbb{N}}$ が f に積位相で収束するための必要十分条件は，各点収束することである．関数列 $\{f_n : [0, 1] \to [0, 1]\}_{n \in \mathbb{N}}$ が f にコンパクト開位相で収束するための必要十分条件は，一様収束することである．そのことを見るために，より一般の状況を考えよう．X はコンパクトで Y は距離空間とする．このとき，次の距離に関して，$\mathbf{Top}(X, Y)$ は距離空間になる．

$$d(f, g) := \sup_{x \in X} d(fx, gx)$$

二つの写像 $f, g \in \mathbf{Top}(X, Y)$ がこの距離に関して近いとは，すべての点 $x \in X$ において fx と gx が近いことを意味する．関数列 $\{f_n\}$ が f に距離位相で収束するための必要十分条件は，任意の $\varepsilon > 0$ に対し，ある $n \in \mathbb{N}$ が存在して，任意の $k > n$ と任意の $x \in X$ について，$d(f_k x, g_k x) < \varepsilon$ を満たすことである．X はコンパクト

で Y は距離空間であることから，コンパクト開位相は距離位相に一致することが次の定理 5.4 からわかる．まずは補題から示そう．

補題 5.3 X は距離空間で U は開集合とする．任意のコンパクト集合 $K \subset U$ に対し，ある $\varepsilon > 0$ が存在して，任意の $x \in K$ と任意の $y \in X \setminus U$ に対し $d(x,y) > \varepsilon$ が成り立つ．

証明 コンパクト性の定義を用いてただちに証明できる． $\square$

定理 5.4 X はコンパクトで Y は距離空間とする．$\mathbf{Top}(X,Y)$ のコンパクト開位相は距離位相と等しい．

証明 $f \in \mathbf{Top}(X,Y)$ と $\varepsilon > 0$ に対し，$B(f,\varepsilon)$ を考える．$f \in O \subset B(f,\varepsilon)$ を満たすようなコンパクト開位相で開集合 O を探す．それが見つかれば，コンパクト開位相での f の近傍は，f の距離近傍より細かいといえる．そのことから，コンパクト開位相は距離位相より細かいことを示す．さて，X はコンパクトより，像 fX もコンパクトである．開集合の集まり $\{B(fx, \varepsilon/3)\}_{x \in X}$ は fX の開被覆で，次の有限部分被覆をもつ．

$$\left\{ B\left(fx_1, \frac{\varepsilon}{3}\right), \ldots, B\left(fx_n, \frac{\varepsilon}{3}\right) \right\}$$

X のコンパクト集合 $\{K_1, \ldots, K_n\}$ と Y の開集合 $\{U_1, \ldots, U_n\}$ を

$$K_i := \overline{f^{-1}\left(B\left(fx_i, \frac{\varepsilon}{3}\right)\right)} \quad \text{と} \quad U_i := B\left(fx_i, \frac{\varepsilon}{2}\right)$$

とする．f は連続より，任意の集合 A に対し，$f\overline{A} \subset \overline{fA}$ を満たす．特に，

$$fK_i \subset \overline{B\left(fx_i, \frac{\varepsilon}{3}\right)} \subset B\left(fx_i, \frac{\varepsilon}{2}\right) = U_i$$

が任意の $i = 1, \ldots, n$ で成り立つ．よって，f は開集合 $O := \cap_{i=1}^{n} S(K_i, U_i)$ に含まれる．$O \subset B(f,\varepsilon)$ を示すため，$g \in O$ をとる．ある i で $x \in K_i$ ならば，$f, g \in S(K_i, U_i)$ より $fx, gx \in U_i$ である．よって，

$$d(fx, gx) \leq d(fx, fx_i) + d(fx_i, gx) = \frac{\varepsilon}{2} + \frac{\varepsilon}{2} = \varepsilon$$

となる．球 $\{B(fx_i, \varepsilon/3)\}$ は fX を覆うので，コンパクト集合 $\{K_i\}$ は X を覆い，

任意の x はある i について K_i に含まれる．よって，任意の $x \in X$ で $d(fx, gx) < \varepsilon$ となるから，$\mathbf{Top}(X, Y)$ で $d(f, g) < \varepsilon$ となる．

次に，距離位相がコンパクト開位相より細かいことを示すために，コンパクト集合 $K \subset X$ と開集合 $U \subset Y$ をとり，$f \in S(K, U)$ を考察する．補題 5.3 より，固定された $\varepsilon > 0$ が存在して，任意の $y \in fK$ と任意の $y' \in Y \setminus U$ に対し $d(y, y') > \varepsilon$ となる．このとき，$g \in B(f, \varepsilon)$ ならば，任意の $x \in X$ に対し $d(fx, gx) < \varepsilon$ となる．よって，$x \in K$ ならば，$gx \in U$ より $gK \subset U$ がわかる．以上から，$B(f, \varepsilon) \subset S(K, U)$ が示せた．$O = S(K_1, U_1) \cap \cdots \cap S(K_n, U_n)$ はコンパクト開位相の基本開集合なので，開球 $B(f, \varepsilon) \subset O$ を得る．ここで，$\varepsilon = \min\{\varepsilon_1, \ldots, \varepsilon_n\}$ とする．以上から，コンパクト開位相の基本開集合は距離位相で開集合なので，距離位相はコンパクト開位相より細かい． $\square$

以上からコンパクト開位相の感覚が伝わったかと思う．それでは，一般の写像空間でこの感覚を確かめてみよう．まず最初に確認しておくこととして，コンパクト開位相は十分に粗いので分裂的である．

定理 5.5　任意の位相空間 X と Y に対し，$\mathbf{Top}(X, Y)$ のコンパクト開位相は分裂的である．

証明　Z を任意の位相空間として，$g : X \times Z \to Y$ を連続写像とする．随伴 $\hat{g} : Z \to \mathbf{Top}(X, Y)$ が連続であることを示すために，$\mathbf{Top}(X, Y)$ の部分開基 $S(K, U)$ を考える．$(\hat{g})^{-1} S(K, U) = \{z \in Z \mid g(K, z) \subset U\}$ が Z において開集合であることを示す必要がある．g は連続なので，$g^{-1} U = \{(x, z) \mid g(x, z) \in U\}$ は $X \times Z$ で開集合で $K \times \{z\}$ を含む．よって，チューブ補題から，$K \subset V$ と $z \in W$ と $K \times \{z\} \subset V \times W \subset g^{-1} U$ を満たす開集合 V と W が存在する．このとき，$z \in W \subset (\hat{g})^{-1} S(K, U)$ となる． $\square$

定理 5.6　X が局所コンパクトかつハウスドルフで，Y が任意の位相空間ならば，$\mathbf{Top}(X, Y)$ のコンパクト開位相はベキ位相である．

証明　コンパクト開位相は結合的，つまり，評価写像 $\mathrm{eval} : X \times \mathbf{Top}(X, Y) \to Y$ が任意の点 (x, f) で連続であることを示せばよい．$(x, f) \in X \times \mathbf{Top}(X, Y)$ と $U \subset Y$ を $\mathrm{eval}(x, f) = fx$ を含む開集合とする．f は連続より，$f^{-1} U$ は x を含む X の開集合である．X は局所コンパクトかつハウスドルフより，$K := \overline{V}$ がコンパクトで

$x \in V \subset K \subset f^{-1}U$ を満たす開集合 $V \subset X$ が存在する.よって,$fx \in fK \subset U$ を満たす.このとき,$V \times S(K,U)$ は $X \times \mathbf{Top}(X,Y)$ の開集合で,$(x,f) \in V \times S(K,U)$ かつ $\mathrm{eval}(V \times S(K,U)) \subset U$ を満たす. $\square$

よって,X が局所コンパクトかつハウスドルフで $\mathbf{Top}(X,Y)$ の位相がコンパクト開位相のとき,5.6 節の最初で述べた満たすべき性質が満たされる.応用として,定理 2.20 をここで証明する.まずは補題から示そう.

補題 5.4 $f: X \to Y$ が商写像で Z が局所コンパクトかつハウスドルフならば,$f \times \mathrm{id}_Z : X \times Z \to Y \times Z$ も商写像である.

証明 $f: X \to Y$ は商写像とする.$f \times \mathrm{id}_Z$ から積空間 $Y \times Z$ に商位相が定まることを示したい.そのため,$Y \times Z$ に二つの異なる可能性のある位相を考える.$(Y \times Z)_p$ は積位相で,$(Y \times Z)_q$ は $f \times \mathrm{id}_Z : X \times Z \to Y \times Z$ から定まる商位相とする.

商位相の普遍性より,$(Y \times Z)_q$ から出るどの写像が連続かわかる.特に,$f \times \mathrm{id}_Z : X \times Z \to (Y \times Z)_p$ が連続なので,恒等写像 $\mathrm{id} : (Y \times Z)_q \to (Y \times Z)_p$ は連続である.つまり下図において,実線の斜め線が連続ならば,点線の斜め線も連続である.

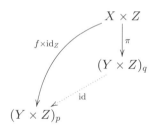

よって,恒等写像の逆方向 $\mathrm{id} : (Y \times Z)_p \to (Y \times Z)_q$ が連続であることのみ示せばよい.Z は局所コンパクトハウスドルフなので,随伴 $\widehat{\mathrm{id}} : Y \to \mathbf{Top}(Z, (Y \times Z)_q)$ が連続であることを示せばよい.商写像 f との合成が連続ならば,Y からの写像として $\widehat{\mathrm{id}}$ は連続である.つまり次図において,実線の斜め線が連続ならば,点線の斜め線も連続である.

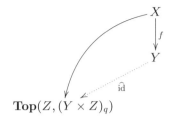

　図の実線の斜め線は，連続な商写像 $\pi : X \times Z \to (Y \times Z)_q$ の随伴である $\tilde{\pi}$ であるから，連続である. □

定理 5.7　$X_1 \twoheadrightarrow Y_1$ と $X_2 \twoheadrightarrow Y_2$ は商写像で，Y_1 と X_2 は局所コンパクトでハウスドルフとすると，$X_1 \times X_2 \twoheadrightarrow Y_1 \times Y_2$ も商写像になる.

証明　Y_1 と X_2 は局所コンパクトでハウスドルフで，$f_1 : X_1 \twoheadrightarrow Y_1$ と $f_2 : X_2 \twoheadrightarrow Y_2$ は商写像とする. 補題 5.4 より，二つの写像 $f_1 \times \mathrm{id}_{X_2} : X_1 \times X_2 \twoheadrightarrow Y_1 \times X_2$ と $\mathrm{id}_{Y_1} \times f_2 : Y_1 \times X_2 \twoheadrightarrow Y_1 \times Y_2$ は商写像である. よって，合成写像

$$(\mathrm{id}_{Y_1} \times f_2) \circ (f_1 \times \mathrm{id}_{X_2}) : X_1 \times X_2 \twoheadrightarrow Y_1 \times Y_2$$

は商写像である. □

　次の項では解析への応用を考える.「コンパクト部分集合とは有界閉集合である」というハイネ–ボレルの定理が成り立つ $\mathbb{R}^n$ と異なり，$\mathbf{Top}(X, Y)$ の部分集合がどのようなときコンパクトになるかは，いつでも決定できるような易しい問題ではない. 次の節のアスコリの定理がその条件を与えてくれる.

5.6.2　アスコリの定理とアルツェラの定理
　関数族が積位相でどのようなときコンパクトになるかを決定するのは難しくない.

定理 5.8　X は任意の位相空間で，Y はハウスドルフ空間とする. 部分集合 $A \subset \mathbf{Top}(X, Y)$ が積位相に関してコンパクトな閉包をもつための必要十分条件は，任意の $x \in X$ に対し，集合 $A_x = \{fx \in Y \mid f \in A\}$ が Y でコンパクトな閉包をもつことである.

証明　各自で証明せよ（第 2 章の演習問題 19）. □

　もし積位相とコンパクト開位相が一致する関数族を判定できれば，その関数族がコンパクト開位相でコンパクトになる必要十分条件を見つけられる．次の定義は，そのような判定を与えるよく知られた方法である．

> **定義 5.5**　X は位相空間で (Y, d) は距離空間とする．$A \subset \mathbf{Top}(X, Y)$ が $x \in X$ で**同程度連続**（equicontinuous）とは，任意の $\varepsilon > 0$ に対し x のある開近傍 U が存在して，任意の $u \in U$ と任意の $f \in A$ に対し $d(fx, fu) < \varepsilon$ を満たすこととする．A が任意の $x \in X$ で同程度連続のとき，単に A は**同程度連続**（equicontinuous）という．

　よって，ある点のまわりで，ある関数族のどの関数も同じ ε で変動を抑えられれば，その関数族はその点で同程度連続である．この項において，同程度連続な関数族に関するもっとも重要な点は，コンパクト開位相と積位相が一致することと，それらの閉包も同程度連続になることである．次の二つの補題の証明は演習問題 4 とする．

> **補題 5.5**　X は位相空間で (Y, d) は距離空間とする．$A \subset \mathbf{Top}(X, Y)$ が同程度連続な関数族ならば，$\mathbf{Top}(X, Y)$ のコンパクト開位相に関する A の誘導位相は，$\mathbf{Top}(X, Y)$ の積位相に関する A の誘導位相に一致する．

> **補題 5.6**　$A \subset \mathbf{Top}(X, Y)$ が同程度連続ならば，積位相に関する $\mathbf{Top}(X, Y)$ での A の閉包も同程度連続である．

　これらのアイデアを合わせると，有名なアスコリの定理とアルツェラの定理が得られる．

> **アスコリの定理**（Ascoli's theorem）　X は局所コンパクトハウスドルフで (Y, d) は距離空間とする．関数族 $\mathcal{F} \subset \mathbf{Top}(X, Y)$ がコンパクト閉包をもつための必要十分条件は，$\mathcal{F}$ が同程度連続で，各 $x \in X$ ごとに集合 $F_x := \{fx \mid f \in \mathcal{F}\}$ がコンパクト閉包をもつことである．

> **アルツェラの定理**（Arzela's theorem）　X はコンパクトで (Y, d) は距離空間で，$\{f_n\}$ は $\mathbf{Top}(X, Y)$ の関数列とする．$\{f_n\}$ が同程度連続で各 $x \in X$ ごとに集合 $\{f_n x\}$ が有界ならば，$\{f_n\}$ は一様収束する部分列をもつ．

5.6.3　Top の積 – hom 随伴を豊かにする

$\mathbf{Top}(X, Y)$ のベキ位相は存在すれば一意的だった．それに関する記号を導入しよう．

定義 5.6　$\mathbf{Top}(X, Y)$ にベキ位相を入れた位相空間を Y^X とする．

$\mathbf{Top}(X, Y)$ にベキ位相を入れて Y^X とすると，次の全単射が得られる．

$$\mathbf{Top}(Z \times X, Y) \cong \mathbf{Top}(Z, Y^X) \tag{5.3}$$

それぞれの写像空間にコンパクト開位相を定義することができる．どのような条件の下で同型 (5.3) は同相だろうか．一つの答えとして，X が局所コンパクトかつハウスドルフで Z がハウスドルフの場合がある．これを示す代わりに（Hatcher, 2002, 529–532 に証明がある），少し弱い答えとして，Z がさらに局所コンパクトの場合について示そう．このとき，$\mathbf{Top}(Z, Y^X)$ のコンパクト開位相はベキ位相である．また，局所コンパクトハウスドルフの積も局所コンパクトハウスドルフなので（第 2 章の演習問題 9），$\mathbf{Top}(Z \times X, Y)$ のコンパクト開位相はベキ位相である．よって，次の同相を示せばよい．

$$Y^{Z \times X} \cong (Y^X)^Z$$

この弱い主張を証明する見返りは，適用できる随伴がたくさんあることと，位相空間そのものを扱わずに Strickland (2009) のような明快な圏論的議論ができることである．

定理 5.9　X と Z を局所コンパクトハウスドルフとすると，任意の位相空間 Y に対し，集合の同型 $\mathbf{Top}(Z \times X, Y) \to \mathbf{Top}(Z, \mathbf{Top}(X, Y))$ は，位相空間の同相写像である．

証明　この証明を通して，任意の位相空間 A と C において，$\mathbf{Top}(A, C)$ のコンパクト開位相は分裂的であることを思い出しておこう．これは，連続写像 $A \times B \to C$ の随伴である写像 $B \to \mathbf{Top}(A, C)$ も連続であることを意味する．また，B が局所コンパクトハウスドルフならば，任意の位相空間 C に対し，$\mathbf{Top}(B, C)$ のコンパクト開位相は結合的である．これは，評価写像 $B \times \mathbf{Top}(B, C) \to C$ が連続であることと同値である．

さて，X と Z は局所コンパクトハウスドルフとする．X は局所コンパクトハウスドルフより，評価写像 $X \times (Y^Z)^X \to Y^Z$ は連続である．同じく，Z は局所コンパクトハウスドルフより，評価写像 $Z \times Y^Z \to Y$ は連続である．よって，合成写像

$$Z \times X \times (Y^Z)^X \to Z \times Y^Z \to Y$$

は連続である．ここで，表記を簡単にするために，$A = Z \times X$ および $B = (Y^Z)^X$ とする．このとき，連続写像 $g : A \times B \to Y$ が存在する．コンパクト開位相は常に分裂的より，g の随伴 $\hat{g} : B \to \mathbf{Top}(A, Y)$ は連続である．$A = Z \times X$ と $B = (Y^Z)^X$ を元に戻すと，$\hat{g} : (Y^Z)^X \to \mathbf{Top}(Z \times X, Y)$ は連続である．この $\hat{g}$ が，同相であることを示したい写像である．連続は示したので半分は済んでいる．

$Z \times X$ は局所コンパクトハウスドルフより，評価写像

$$Z \times X \times Y^{Z \times X} \to Y$$

は連続である．いま，これを $Z \times -$ からの連続写像とみなすと，その随伴 $X \times Y^{Z \times X} \to Y^Z$ は連続である．そして再び，最後にこれを $X \times -$ からの連続写像とみなすと，その随伴 $Y^{Z \times X} \to (Y^Z)^X$ は連続である．これは前の段落の連続写像 $\hat{g}$ の逆である．以上で証明が終わる． $\qquad\square$

さて，X が局所コンパクトハウスドルフのときの $\mathbf{Top}(X, Y)$ のコンパクト開位相について，最後にいくつか注意しておく．ある見方からすると，局所コンパクトハウスドルフ空間で考察するのは不十分かもしれない．たとえば，これらの空間は，多くの馴染みのある操作で閉じていない．次のような局所コンパクトハウスドルフ空間の図式の余極限

$$\mathbb{R} \hookrightarrow \mathbb{R}^2 \hookrightarrow \mathbb{R}^3 \hookrightarrow \cdots$$

は局所コンパクトではない．さらに，X が局所コンパクトハウスドルフであってもコンパクト開位相空間 Y^X は局所コンパクトハウスドルフではないかもしれないので，写像空間の位相の構成は反復できない．これらの問題点の一つの解決として，「k 化」や「弱ハウスドルフ化」などのさらなる随伴を考えることがある．これが次の話題である．

5.7　コンパクト生成弱ハウスドルフ空間 ─────────

　ここで，より一般の設定で，$\mathbf{Top}(X, Y)$ の位相の構成について全景を提示する．主なアイデアは，極限と余極限をもち，5.6 節で挙げたような満たすべき性質をもつベキ対象をもち，この章で対象とするような位相空間を含む程度に十分大きい，都合のよい位相空間の圏を見つけることである．コンパクト生成弱ハウスドルフ空間の圏はそのような例である．写像空間の位相でコンパクト生成な位相は，Brown (1964) においてすでに認識されていた．ここで紹介するようなコンパクト生成の極限の振る舞いなどの圏論的見方は，のちに現れた（Steenrod, 1967）．最後にハウスドルフが弱ハウスドルフに置き換えられ，もっとも都合のよい位相空間の圏と考えられるようになった（McCord, 1969）．

　各文献において用語が統一されていないことに注意が必要である．たとえば，May (1999) での「コンパクト生成」は「コンパクト生成かつ弱ハウスドルフ」の意味である．ここでは証明の多くを省くので，長い形容詞を用いて混乱を避けるようにする．

　いくつかの定義から始めよう．

> **定義 5.7**　位相空間 X が**コンパクト生成**（compactly generated）であるとは，任意のコンパクト空間 K と連続写像 $f : K \to X$ に対し，$f^{-1}A$ が閉集合（または開集合）ならば A が閉集合（または開集合）になることとする．

> **定義 5.8**　位相空間 X が**弱ハウスドルフ**（weakly Hausdorff）であるとは，任意のコンパクト空間 K と連続写像 $f : K \to X$ に対し，fK が X の閉集合になることとする．

> **定義 5.9**　**CG**，**WH**，**CGWH**を，それぞれコンパクト生成，弱ハウスドルフ，コンパクト生成弱ハウスドルフ空間からなる充満部分圏[†] とする．

■**例 5.4**　圏 **CG** はすべての局所コンパクト空間と，すべての第一可算公理を満たす空間を含む．圏 **CGWH** はすべての局所コンパクトハウスドルフ空間と，すべての距離空間を含む．弱ハウスドルフは T_1 と T_2 の中間に位置することに注意する．興味のある読者は Steen and Seebach (1995) にある例を見れば，これらの性質は

[†] 訳注：圏 $\mathscr{A}$ の部分圏 $\mathscr{B}$ が充満（full）とは，$\mathscr{B}$ の任意の対象 X，X' について $\mathscr{A}(X, X') = \mathscr{B}(X, X')$ となることをいう．

すべて異なることがわかる. ∎

　第1章で導入した位相の三つの構成方法を思い出そう. 一つ目は, 古典的な定義で, 開集合を指定する方法である. 二つ目は, 可能な位相の中でその位相を特徴づけるという, よりよい方法である. 三つ目は, 連続な出入りする写像を特徴づけることで, さらによい方法である. これら3通りの方法で, 以下で述べる k 化関手 $k: \mathbf{Top} \to \mathbf{CG}$ を表そう. X を任意の位相空間とする. コンパクト空間 K からの連続写像 $f: K \to X$ について, $f^{-1}U$ が開集合になる U の全体を開集合とすると, X の位相が定まる. この位相はコンパクト生成である. 実際, この位相は, 元の X の位相を含む最小のコンパクト生成な位相である. さらに, この位相を考えた X からの写像 $g: X \to Y$ が連続であるための必要十分条件は, 任意のコンパクト集合 K と任意の連続写像 $f: K \to X$ に対し, $gf: K \to Y$ が連続になることである. X とこのコンパクト生成位相の組を X の k 化 (k-ification) といい, kX と書く. 連続写像 $f: X \to Y$ の k 化は, f は $f: kX \to kY$ と見たもので連続になる. つまり, k 化関手 $k: \mathbf{Top} \to \mathbf{CG}$ が定まる.

定理 5.10 U を包含 $\mathbf{CG} \to \mathbf{Top}$ とし, k を k 化関手とすると, $U: \mathbf{CG} \rightleftarrows \mathbf{Top}: k$ は随伴である.

証明 Steenrod (1967) の theorem 3.2 として示されている. □

　定理 5.1 より k は極限を保ち, U は余極限を保つ. k が極限を保つことから, $\mathbf{Top}$ における図式の極限は, k によって図式の k 化の極限に移る. この意味を明確にするため, 二つのコンパクト生成位相空間 X と Y を考える. $\mathbf{Top}$ における積 $X \times Y$ はコンパクト生成ではないかもしれないが, $k(X \times Y)$ は $\mathbf{CG}$ において X と Y の積である. つまり, $k(X \times Y)$ はコンパクト生成位相空間の積の普遍性をもっているということである. 一般に, $k(X \times Y)$ の位相は $X \times Y$ の位相より細かい.

　U が左随伴であることの帰結として, U は余極限を保つ. よって, $\mathbf{CG}$ の図式が $\mathbf{CG}$ で余極限をもつならば, それは $\mathbf{Top}$ における図式の余極限に一致する. $\mathbf{CG}$ に余極限が存在する理由は自明ではないにもかかわらず, それは正しい.

定理 5.11 $\mathbf{CG}$ は余完備な圏である.

証明 Lewis (1978) の appendix A を参照. □

次に，弱ハウスドルフという概念と弱ハウスドルフ化関手 q を導入しよう．X を任意の位相空間とする．弱ハウスドルフ空間 qX を，$X \times X$ の最小の閉同値関係で X を割った商空間とする．qX の開集合は何かや，qX を出入りする写像の連続性の特徴づけについて考えることができる．

> **定理 5.12**　随伴 $q : \mathbf{CG} \rightleftarrows \mathbf{CGWH} : U$ が存在する．ここで，U は包含 $\mathbf{CGWH} \to \mathbf{CG}$ とする．

証明　Lewis (1978) の appendix A を参照. □

結果として **CGWH** の図式の余極限は弱ハウスドルフではないかもしれないが，定理 5.11 よりコンパクト生成ではある．関手 q は左随伴であることから余極限を保つので，q を作用させると **CGWH** の空間が得られ，それは元の **CGWH** の図式の余極限である[†].

極限については，**CGWH** の図式が **CGWH** で極限をもてば，**CG** の図式の極限と一致する．**CGWH** で極限が存在する明確な理由はないにもかかわらず，それは正しい．

> **定理 5.13**　**CGWH** は完備な圏である．

証明　Strickland (2009) の proposition 2.22 を参照. □

これらの随伴関手の操作の結論として，極限と余極限をもつ圏 **CGWH** が得られた．しかし，用語の複数の解釈に注意する必要がある．たとえば，二つのコンパクト生成弱ハウスドルフ空間 X と Y に対し，**Top** での積である「古い」積 $X \times_o Y$ があるし．**CGWH** での積という新しい積 $X \times Y$ もある．

さて，コンパクト生成弱ハウスドルフ空間 X と Y に対し，$Y^X = k\mathbf{Top}(X, Y)$ とする．つまり，X から Y への写像の空間に入れる位相は，コンパクト開位相の k 化である．

> **定理 5.14**　X と Y は **CGWH** とすると，Y^X も **CGWH** である．X を固定すると，$Y \mapsto Y^X$ は関手 $-^X : \mathbf{CGWH} \to \mathbf{CGWH}$ を定め，随伴
>
> $$X \times - : \mathbf{CGWH} \rightleftarrows \mathbf{CGWH} : -^X$$

---

† 訳注：つまり，**CGWH** は余完備な圏である．

は同相 $Y^{X \times Z} \cong (Y^X)^Z$ を導く.

証明 Lewis (1978) を参照. □

系 5.2 $X, Y, Z \in \mathbf{CGWH}$ について,

 (i) 関手 $- \times X$ は余極限を保つ.
 (ii) 関手 $-^X$ は極限を保つ.
 (iii) 関手 Y^- は余極限を極限に移す.
 (iv) 合成 $Z^Y \times Y^X \to Z^X$ は連続である.
 (v) eval : $X \times Y^X \to Y$ は連続である.

つまり,圏 **CGWH** はカルテシアン閉である.コンパクト生成弱ハウスドルフ空間の圏は,ほかにもよい性質をもっている.その主張や証明については,Stickland (2009) のノートを参照することをお勧めする.

同値の概念を緩めることで豊かな数学が展開されるという考えから,この章は始まった.随伴 $L \dashv R$ のデータは,圏 **C** と **D** の間の同値のデータと似てはいるが,まったく同じではない.この緩やかな関係は,これらの圏の対象の関係の特徴づけを与える.**D** における射 $LX \to Y$ について知っていれば,**C** における射 $X \to RY$ についてわかるし,逆も正しい.圏 **Top** において,X が局所コンパクトハウスドルフ空間ならば,任意の位相空間 Y と Z に対し,コンパクト開位相は写像空間の全単射 $\mathbf{Top}(X \times Z, Y) \cong \mathbf{Top}(Z, \mathbf{Top}(X, Y))$ を与える.より一般に,関手 $X \times -$ と $\mathbf{C}(X, -)$ は,圏 **C** がたとえば **CGWH** のとき随伴対になる.

次の章でも,緩やかな同値の概念であるホモトピー同値を用いて,トポロジーにおけるほかの豊かな構成や随伴を導く.第 1 章で述べたように,写像 $f, g : X \to Y$ の間のホモトピーとは,写像 $h : I \times X \to Y$ で $h(0, -) = f$ かつ $h(1, -) = g$ を満たすものである.単位閉区間は局所コンパクトかつハウスドルフなので,任意の位相空間 X と Y に対して,全単射 $\mathbf{Top}(I \times X, Y) \cong \mathbf{Top}(X, \mathbf{Top}(I, Y))$ が存在する.左辺はホモトピーで,右辺は Y のパスの空間 $\mathbf{Top}(I, Y)$ への写像である.この双対の見方は,この章の考えと合わせて,ホモトピー,パスの空間,そしてトポロジーにおけるさらなる随伴に関する議論へと,自然につながっていく.

演習問題

1. 定義 5.1 と定義 5.2 は同値であることを示せ.

2. $L : \mathbf{C} \rightleftarrows \mathbf{D} : R$ を単位 η と余単位 ϵ をもつ随伴とする. η_X が同型となる対象 $X \in \mathbf{C}$ からなる $\mathbf{C}$ の充満部分圏を $\mathbf{C}'$ とする. $\mathbf{D}'$ も同様に定める. このとき, $\mathbf{C}'$ と $\mathbf{D}'$ は同値な圏であることを示せ.

3. 評価写像 $\mathbf{Top}(X, Y) \times X \to Y$ が連続にならないような位相空間 X と Y の例を見つけ, 実際にその条件を満たすことを確かめよ.

4. 補題 5.5 と補題 5.6 を示せ.

5. $A = \{f \in \mathbf{Top}([0, 1], [0, 1]) \mid f$ は微分可能で $|f'| \le 1\}$ とする. $\overline{A}$ はコンパクトであることを示せ.

6. 関数族 $\mathcal{F} \subset \mathbf{Top}([0, 1], \mathbb{R})$ を $\mathcal{F} = \{f_a\}_{0 < a \le 1}$ とする. ここで, $f_a(x) = 1 - x/a$ とする. コンパクト開位相で $\mathcal{F}$ がコンパクトかどうか調べよ.

7. Y を位相空間 X の部分空間とするとき, 写像 $r : X \to Y$ は X から Y の上への**レトラクト** (retract) である, または, Y は X のレトラクトであるとは, $ri = \mathrm{id}_Y$ を満たすことである. ここで, $i : Y \to X$ は包含写像である. 関手 $\beta : \mathbf{Top} \to \mathbf{CH}$ をストーン－チェックのコンパクト化とする. 任意のコンパクトハウスドルフ空間 X は $\beta U X$ のレトラクトであることを示せ. ここで, $U : \mathbf{CH} \to \mathbf{Top}$ により, $\mathbf{CH}$ は $\mathbf{Top}$ の部分圏とみなす.

8. Y は局所コンパクトハウスドルフ空間とする. 任意の位相空間 X と Z に対し, 合成 $\mathbf{Top}(X, Y) \times \mathbf{Top}(Y, Z) \to \mathbf{Top}(X, Z)$ は連続であることを示せ.

9. 位相空間 X がハウスドルフであるための必要十分条件は, $X \times_o X$ の対角成分 D が閉集合であることを示せ. ここで, $X \times_o X$ は直積位相空間とする. また, 位相空間 X がハウスドルフであるための必要十分条件は, $X \times X$ の対角成分 D が閉集合であることを示せ. ここで, $X \times X$ は $k(X \times_o X)$ とする.

10. 定理 5.1 の証明を完成させよ. つまり, 左随伴が余極限を保つことの証明をまねして, 右随伴が極限を保つことを示せ. 類似の同型を見つけることで, hom の 2 番目の位置の lim は, hom の先頭の lim に置き換えることができる.

第6章 パス，ループ，シリンダー，懸垂など

Paths, Loops, Cylinders, Suspensions, . . .

> ある状況において（たとえば，基本群についてのファン・カンペンの降下（descent）定理など），いくつかの基点に関する基本亜群を考えることは，何かを理解するためにより簡潔かつ必要不可欠な方法である．
> ──アレキサンダー・グロタンディーク（Alexander Grothendieck, 1997）

はじめに　第0章において，対象自身はほかの対象との相互関係で完全に決まるという圏論の主題に言及した．その原型は米田の補題の系である定理 0.1 で，圏 **C** の対象 X と Y が同型であるための必要十分条件は，任意の対象 Z に対し，対応する集合 $\mathbf{C}(Z, X)$ と $\mathbf{C}(Z, Y)$ が同型であるという主張だった．ほかの対象との関係を調べてその対象自身の情報を収集する方法は，特に代数的トポロジーの分野で盛んに利用されていて，道具として用いられる有名な位相空間は円周 S^1 である（より一般には n 次元球面 S^n である）．

　連続写像 $S^1 \to X$ は X 内のループなので，$\mathbf{Top}(S^1, X)$ と $\mathbf{Top}(S^1, Y)$ を比較することは，X 内のループの全体と Y 内のループの全体を比較することと同じである．しかし実際は，これらはとてつもなく複雑な集合である．状況を簡略化するため，ループのホモトピー類を考えたほうがよい．そうすれば，連続変形できるループどうしは区別しなくてよいからである．そこで，「X 内のループのうちもっとも『基本的』なループは何か，またそれらは Y 内の基本的なループと異なるか」という問題が生じる．状況をさらに簡単にするために，X 内の固定された点を始点と終点とするループのみを考えるのがよい．そのようなループのホモトピー類全体を，始点と終点に選んだ点に関する X の基本群といい，基本群は関手 $\mathbf{Top}_* \to \mathbf{Grp}$ を定義する．これによって，上記の「代数的トポロジー」の研究はますます盛んになっている．

　これらのアイデアは，基点付き位相空間と，それらの間の写像のホモトピー類の圏論的一般論への動機となる．それがこの章の目標である．この流れに沿って，そ

のような空間やそれらの間の自然な写像，パス，ループ，シリンダー，円錐，懸垂，ウェッジ積，スマッシュ積などを含む随伴の興味深い例のいくつかに出会う．6.1 節で，ホモトピーの簡単な復習とその別の見方について話を始める．6.2 節で一般論の特別な場合として，基本亜群という基点付きパスのホモトピー類を扱う．基点付き位相空間に注目して，6.3 節では基本群を扱う．そして，積 – hom 随伴の基点付き版として，スマッシュ積 – hom 随伴を 6.4 節で考察し，さらに特殊化した懸垂 – ループ随伴を 6.5 節で扱う．この随伴と 6.6 節で得られるファイブレーションの結果から，円周の基本群は $\mathbb{Z}$ であることのとても簡潔な証明を与える．6.6.3 項ではこの結果の四つの応用を紹介し，6.7 節でザイフェルト – ファン・カンペン定理を用いて，よく知られた位相空間の基本群を計算する．

6.1　シリンダー – 自由パス随伴

随伴はホモトピーのさまざまな同値な姿を見せてくれる．いつもどおり，$I = [0,1]$ とする．1.6 節で見たように，写像 f と g の間のホモトピー $h : I \times X \to Y$ において，一方の端を $f = h(0, -) : X \to Y$ とし，もう一方の端を $g = h(1, -) : X \to Y$ とする．そのようなホモトピーが存在するとき，f と g はホモトピックといい，$f \simeq g$ と書く．ホモトピーとは，単位閉区間 I でパラメータづけされた，時間による f から g への連続変形と考える．I は局所コンパクトかつハウスドルフより，$I \times -$ と $(-)^I$ の間に随伴が存在する．この設定

$$I \times - : \mathbf{Top} \; \rightleftarrows \; \mathbf{Top} : (-)^I$$

をシリンダー – 自由パス随伴（cylinder-free path adjunction）とよぶ．$I \times X$ は X 上のシリンダー（円筒）で，X^I は X のパスの空間だからである．以下で考察する与えられた点を始点とするパスの空間である基点付きパス空間との対比から，ここでのパスは「自由」パスと表現されている．

シリンダー – 自由パス随伴の下で，任意の位相空間 Y に対し，全単射 $\mathbf{Top}(I \times X, Y) \cong \mathbf{Top}(X, Y^I)$ が存在する．左辺は写像 $X \to Y$ の間のホモトピーである．右辺は X の点に Y のパスを対応させる写像である．この全単射は次図のように，視覚的に理解できる．h を f から g へのホモトピーとする．各 $x \in X$ に対応するパスは，h を x で評価して得られるパスである．よって，ホモトピーは X から Y のパ

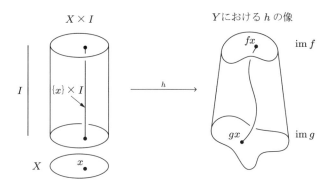

スの集合への写像と考えられて，x に対し fx から gx へのパスが対応する．

ホモトピーの別の見方をしてみよう．任意の位相空間 X と Y に対し，Y^X 上の
コンパクト開位相は分裂的より，次の単射が得られる．

$$\mathbf{Top}(X \times I, Y) \to \mathbf{Top}(I, Y^X)$$

よって，ホモトピーは写像 $I \to Y^X$ と考えられる．つまり，f から g へのホモトピー
は，連続写像の空間 Y^X 内の f から g へのパスと考えられる．X が局所コンパクト
ハウスドルフ空間ならば，または圏 **CGWH** において k 化積や k 化コンパクト開
位相を考えるならば，$Y^{X \times I} \cong (Y^X)^I$ となり，Y^X 内の任意のパスはホモトピーを
定める．

以下の定理のように，位相空間 X とシリンダー $X \times I$，そして自由パス空間 X^I
は，ホモトピーの視点からは区別がつかない．つまり，これら三つの空間はホモト
ピー同値である．ホモトピー同値は 1.6 節で定義したが，ここで再度確認しておこう．

定義 6.1 位相空間 X と Y がホモトピー同値であるとは，$fg \simeq \mathrm{id}_Y$ と $gf \simeq \mathrm{id}_X$
を満たす写像 $f : X \to Y$ と $g : Y \to X$ が存在することとする．この場合，$X \simeq Y$
と書いて，f（または g）を**ホモトピー同値**という．圏 **hTop** は対象が位相空間で，
連続写像のホモトピー類を射とする．よって，$X \simeq Y$ は，**hTop** において $X \cong Y$
となることと同じである．

定理 6.1 $\gamma \mapsto \gamma 1$ で定義される写像 $\pi : X^I \to X$ と，$x \mapsto c_x$ で定義される写像
$i : X \to X^I$ は，互いにホモトピー逆写像である．ここで，c_x は $x \in X$ における
定値パスとする．

証明　写像 $i\pi : X^I \to X^I$ はパス γ を定値パス $\gamma 1$ に移すことに注意する．$h : X^I \times I \to X^I$ を $h(\gamma, t) = \gamma_t$ とする．ここで，$\gamma_t : I \to X$ は $\gamma_t s = \gamma(s + t - st)$ とする．このとき，$h(\gamma, 0) = \gamma$ かつ $h(\gamma, 1) = c_{\gamma 1}$ となり，h は id_{X^I} と $i\pi$ の間のホモトピーである．$\pi i = \mathrm{id}_X$ よりすべて示せた．　□

> **定理 6.2**　$x \mapsto (x, 1)$ で定義される写像 $i : X \to X \times I$ と，射影 $p : X \times I \to X$ は，互いにホモトピー逆写像である．
>
>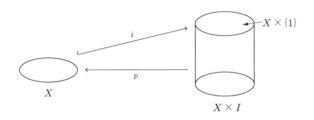

証明　各自で確認せよ．　□

　パスとホモトピーの議論において，パスの間のホモトピーを考えることが多い．その際に圏論はよい道具になる．任意の空間に対し，その空間の点が対象で，2点を結ぶパスのホモトピー類が射である圏を考えることができる．この圏が基本亜群である．

6.2　基本亜群と基本群

　最初に亜群一般についてから始めよう．その名前のとおり，亜群とは群の仲間である．群を圏論の立場から見ると，その関係がはっきりする．第0章で見たように，群とは対象が一つだけで，任意の射が同型であるような圏のことである．亜群はその条件を少しだけ一般化する．

> **定義 6.2　亜群**（groupoid）とは，任意の射が同型であるような圏のことである．

　たとえば，二つの対象からなり，各対象の恒等射と二つの対象の間の可逆な射のみからなる圏は亜群である（次図）．
　よって，亜群とは群に似た圏であるが，対象は一つと限らずいくつあってもよい．この理由から，圏論において，亜群はさまざまなアイデアを与えてくれる．たとえ

群　　　　　　　　　　　　亜群

ば，圏において射の向きを忘れることで，群に非常に似た亜群の構造が得られる．この意味で，群に関する定理を亜群や，さらには圏の定理に一般化することが期待される．米田の補題はそのような例の一つである．考えている圏が群のとき，米田の補題が主張していることを考えると，これは群論におけるケイリー（Cayley）の定理の圏論への一般化とみなすことができる．

　位相空間内のパスを考えるとき，亜群はトポロジーに自然に現れる．空間内の点を対象とし，点どうしのパスを射とみなすことで空間を圏とみなすアイデアは，しかし，残念ながらうまくいかない．パスをその像ではなく単位閉区間からの連続写像として定義しているので，パラメータづけの問題が起こり，パスの合成が結合的ではないからである．しかし，パスのホモトピーで考えれば，合成は結合的である．パスのホモトピーは第 1 章で定義した．ここではパスを射とみなしたいので，α や β ではなく，f や g という記号を用いてパスのホモトピーの定義を復習しておこう．

定義 6.3　位相空間において x から y へのパス $f, g : I \to X$ が**パスホモトピック**（path homotopic）であるとは，f から g へのホモトピー $h : I \times I \to X$ が存在して，すべての t で $h(0, t) = x$ かつ $h(1, t) = y$ を満たすことである．

積－hom 随伴の下で，パスホモトピーは，X 内の決められた端点をもつパスからなる X^I の部分空間への写像 $I \to X^I$ とみなせる．イメージとしては，次図のグレーの領域が f と g の間のホモトピーである．グレーの領域は 2 通りに解釈できる．左図では，ホモトピーはグレーの領域へのパスの拡張と考えられる．各時刻 t において，x から y へのパス $h(-, t)$ がある．t が 0 から 1 まで動くと，パスはグレーの領域を通って f から g に移動する．右図では，ホモトピーは f から g への連続変形するパスの族と考えられる．実際，$s \in I$ ごとに fs から gs へのパスが存在する．

　与えられた 2 点 $x, y \in X$ と一方から他方へのパス f に対し，f とパスホモトピックな x から y へのパスのホモトピー類 $[f]$ に興味がある．X の点とホモトピー類 $[f]$ は亜群を定めるからである．

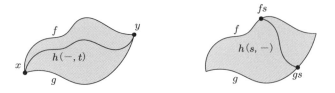

定義6.4　位相空間 X の**基本亜群**（fundamental groupoid）$\pi_1 X$ とは，X の点が対象である圏である．射 $x \to y$ は x から y へのパスのホモトピー類である．射の合成はパスの合成 $[g] \circ [f] := [g \cdot f]$ である．

2.1節で紹介したように，パス f と f の終点が始点となるパス g があれば，それらの合成 $g \cdot f$ は，次のように定義されるパスとする（下図）．

$$(g \cdot f)t = \begin{cases} f(2t) & \left(0 \le t \le \dfrac{1}{2}\right) \\ g(2t-1) & \left(\dfrac{1}{2} \le t \le 1\right) \end{cases}$$

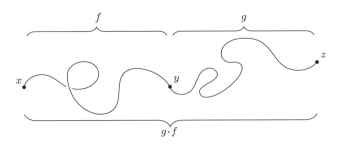

　この定義により $\pi_1 X$ における射の合成が定まり，$\pi_1 X$ は圏となる．ここで，いくつか確かめておくべきことがある．まず，合成が well-defined であることである．つまり，$f' \simeq f$ かつ $g' \simeq g$ ならば $g' \cdot f' \simeq g \cdot f$ である．また，パスのホモトピー類の合成が結合的，つまり，任意の三つの合成可能なパス f, g, h に対し，$(h \cdot g) \cdot f \simeq h \cdot (g \cdot f)$ を満たすことである．そして最後に，点 x における定値パスのホモトピー類は恒等射 id_x になることである．さらにパスを逆向きに進むことで，$\pi_1 X$ は亜群となる．つまり，x から y へのパス f に対し，$gt := f(1-t)$ でパス g を定義する．これは y から x へのパスで，$[g][f] = \mathrm{id}_x$ と $[f][g] = \mathrm{id}_y$ を満たす．よって，$\pi_1 X$ の任意の射は同型である．

　そこで圏 **Grpd** を，対象が小さな亜群で，射は亜群の間の関手である圏とする．基本亜群は関手 $\pi_1 : \mathbf{Top} \to \mathbf{Grpd}$ を定義する．π_1 の **Top** への作用は明らかである．射 $\alpha \in \mathbf{Top}(X, Y)$ はパスの間の写像 $\alpha_* : X^I \to Y^I$ を与える．α_* がホモトピー同値を保つことのみ確かめればよい．

　一般的な注意として，任意の圏 **C** において，対象 $X \in \mathbf{C}$ を固定して X から X への同型射の集合を考えることができる．合成により，この集合は群 $\mathrm{Aut}\, X$ となる．特に基本亜群 $\pi_1 X$ の固定した対象 $x_0 \in X$ について，一つの対象 x_0 のみからなり，x_0 からそれ自身への同型射のみが射である圏が定まる．これを x_0 を基点とする基本群といい，$\pi_1(X, x_0)$ と書く．

> **定義 6.5**　x_0 を基点とする X の**基本群**（fundamental group）とは，x_0 を基点とするループのホモトピー類のなす群 $\pi_1(X, x_0)$ のことである．

　別の一般的な注意として，**G** を亜群とし，x を **G** の任意の対象とするとき，$\mathrm{Aut}\, x$ は一つの対象からなる **G** の充満部分圏と考えられる（位相空間の 1 点を意識して，ここでは対象を小文字 x で表した）．$\mathrm{Aut}\, x$ から **G** への包含は忠実充満関手である．**G** が連結，つまり任意の二つの対象の間に射があるとすると，$\mathrm{Aut}\, x$ の包含は **G** の充満部分圏として本質的全射[†1]である．よって，連結な亜群の任意の対象 x に対し，群 $\mathrm{Aut}\, x$ と亜群 **G** の間に圏同値が存在する[†2]．したがって，任意の連結な位相空間 X に対し，圏として基本群と基本亜群は同値であり，任意の $x_0, x_1 \in X$ に対し，基本群は同型 $\pi_1(X, x_0) \cong \pi_1(X, x_1)$ である．

　基本群を計算したり使ったりする前に，知っておくべき基本群の別のとらえ方を次の節で扱う．点 x_0 を始点かつ終点とするループは，円周 S^1 から X への，$(1, 0) \in S^1$ を $x_0 \in X$ に移す連続写像と同じである．この見方をすると，$\pi_1(X, x_0)$ は基点を保つ連続写像 $S^1 \to X$ のホモトピー類の全体とみなせる．基点を保つ連続写像の有効な圏論的扱いは，空間対 (X, x_0) を一つの対象とし，空間対の間の基点を保つ連続写像を射と考えることである．

---

†1　訳注：関手 $F : \mathscr{A} \to \mathscr{B}$ が**本質的全射**（essentially surjective）とは，任意の $B \in \mathscr{B}$ に対してある $A \in \mathscr{A}$ が存在して $F(A) \cong B$ となることをいう．

†2　訳注：たとえば『ベーシック圏論』（T. レンスター著，斎藤 恭司 監修，土岡 俊介 訳，丸善出版，2017）命題 1.3.18 を参照．

6.3　空間対と基点付き空間の圏 ─────────────────

位相空間対の圏（category of pairs of topological spaces）とは，対象が位相空間の対 (X, A) である圏である．ここで，X は位相空間で，A は X の部分空間である．射 $f : (X, A) \to (Y, B)$ は $fA \subset B$ を満たす連続写像 $f : X \to Y$ である．部分空間 A が1点の空間対のみを考えるとき，基点付き位相空間の圏 **Top**$_*$ を得る．**Top**$_*$ の対象は位相空間 X とその点 x_0 の対 (X, x_0) で，x_0 を**基点**（base point）という．射は $fx_0 = y_0$ を満たす連続写像 $f : (X, x_0) \to (Y, y_0)$ である．そのような写像を基点を保つという．

X が基点 $x_0 \in X$ をもっていることが明らかな場合は，(X, x_0) を X と略記することもある．X が局所コンパクトでハウスドルフの場合，**Top**(X, Y) のコンパクト開位相はベキ位相で，**Top**$_*(X, Y)$ は基点付き位相空間となる．**Top**$_*(X, Y)$ の位相は **Top**(X, Y) の相対位相で，X から Y の基点への定値写像が **Top**$_*(X, Y)$ の基点である．

基点の選び方など些細なことで，**Top** も **Top**$_*$ もたいして違わないと思いがちである．しかし，圏としては本質的に異なる．まず，**Top**$_*$ の余極限は **Top** の余極限と異なる．たとえば，1点空間 $*$ は **Top**$_*$ の始対象かつ終対象だが，**Top** での始対象ではない．余積も異なるが積は一致することを次の節で見る．

ホモトピーについて，両者の違いはより顕著である．**Top**$_*$ でのホモトピーは基点を保つことを要求する．つまり，「$h : I \times X \to Y$ で任意の $t \in I$ に対し $h(t, x_0) = y_0$」を要請する．これを**基点付きホモトピー**（based homotopy）という．そして，**Top** にホモトピー版 **hTop** があるように，**Top**$_*$ にもホモトピー版 **hTop**$_*$ がある．この圏は対象が基点付き位相空間 X で，射 $X \to Y$ は点を保存する連続写像のホモトピー類であり，その集合を **hTop**$_*(X, Y)$ とか $[X, Y]_*$ で表し，基点付きで考えている前提ならば $[X, Y]$ とも書く．X が局所コンパクトでハウスドルフとすると，$[X, Y]$ も基点付き位相空間になる．その位相は **Top**$_*(X, Y)$ の商位相で，X から Y の基点への定値写像のホモトピー類が $[X, Y]$ の基点である．

この章では，単位閉区間 I と対応する関手 **Top**$(I, -) : $ **Top** $\to$ **Top** に注目することから始めた．そして，I を用いて空間 X を調べ，パスの空間 X^I を得た．基点付き空間と基点付き写像のホモトピー類では，「調べる道具となる空間」は球面である．球面 S^n は，$(1, 0, 0, \ldots, 0)$ を基点とする基点付き空間とみなすのが習慣である．S^1 を $|z| = 1$ を満たす複素数の全体とみなすときには，基点を $(1, 0)$ でなく 1 とするこ

ともある. 球面 S^n には対応する関手 $\mathbf{hTop}_*(S^n, -) = [S^n, -]$ が考えられる. $n = 1$ の場合, これは基本群になる. つまり, 基点付き空間 (X, x_0) の基本群を, 次のような $(S^1, 1)$ から (X, x_0) への基点付き写像のホモトピー類の全体と解釈できる.

$$\pi_1(X, x_0) = [(S^1, 1), (X, x_0)]$$

この見方には次のような利点がある. 一つに, 基本群は関手 $\pi_1 : \mathbf{Top}_* \to \mathbf{hTop}_* \to \mathbf{Set}$ であることが明らかになる. また, 関手の族が得られる点も明らかである. すなわち, $n = 0, 1, \cdots$ に対し, $\mathbf{Top}_*$ から $\mathbf{Set}$ へのホモトピー関手 $\pi_n := [S^n, -]$ が得られ, これを n **次ホモトピー群** (nth homotopy group) という. それらの関手が $\mathbf{Grp}$ への関手になっている点は明らかではない. $n \geq 1$ ならば $\pi_n(X, x_0)$ は群になることを系 6.2 で示し, それによって n 次ホモトピー群という名前が正当化される.

2.1.2 項で関手 $\pi_0 : \mathbf{Top} \to \mathbf{Set}$ をすでに定義したので, 次に進む前に, $n = 0$ の場合を見ておこう. まず, S^0 は -1 と 1 の 2 点からなり, 任意の写像 $f : (S^0, 1) \to (X, x_0)$ は基点を保つので, $1 \mapsto x_0$ となる. よって, f を与えることと, $f(-1)$ を決めることは同じである. つまり, 点 $* \to X$ である. そのような二つの写像のホモトピーは基点を保つので, ホモトピーとは, 単にある点から別の点へのパスである. これは, π_0 が X の弧状連結成分と一致するという, 以前の議論と整合性がある. X が基点をもつと, $\pi_0(X)$ は基点付き集合で, その基点は X の基点を含む連結成分になる.

ここまでは, $\mathbf{Top}$ のいくつかのアイデアをその基点付き版 $\mathbf{Top}_*$ に沿って議論してきた. 取り上げたのは, 対象や射やホモトピーや写像空間である. 次に, 積–hom 随伴 $(X \times -) \dashv \mathbf{Top}(X, -)$ とその基点付き版 $\mathbf{Top}_*$ に目を向ける. すでに類似の写像空間は扱っている. X と Y がそれぞれ基点 x_0 と y_0 をもっているならば, $\mathbf{Top}_*(X, Y)$ は $\mathbf{Top}(X, Y)$ の部分空間になる. 空間 $\mathbf{Top}_*(X, Y)$ は定値写像 $X \to y_0$ を基点としてもつ. 積空間 $X \times Y$ も基点 (x_0, y_0) をもつ. しかし次の節で見るように, 関手 $X \times -$ は $\mathbf{Top}_*(X, -)$ の左随伴ではない. これは, $\mathbf{Top}_*$ における積–hom 随伴の基点付き版を新たに構成する動機となる.

6.4 スマッシュ積–hom 随伴

$\mathbf{Top}_*$ における積について, より圏論的な議論をすることから始めよう. まず, 基点を忘れるという忘却関手 $U : \mathbf{Top}_* \to \mathbf{Top}$ が存在することから始めよう. いつものように, 左随伴が存在するかを考える. 対象 X に対し, 1 点 $*$ を付け加える対応を

$X \to X \coprod \{*\}$ とする．そして，射 $f : X \to Y$ に対し，X に付け加えた 1 点を Y に付け加えた 1 点に移す $\hat{f}$ を対応させる $f \mapsto \hat{f}$ という関手をプラス構成 $+ : \mathbf{Top} \to \mathbf{Top}_*$ とすると，$+$ は U の左随伴になる．$\mathbf{Top}_*(+X, Y) \cong \mathbf{Top}(X, UY)$ に注意して次の随伴を得る．

$$+ : \mathbf{Top} \rightleftarrows \mathbf{Top}_* : U$$

これは U が極限を保つことを意味する．たとえば，基点付き空間の積 $(X, x_0) \times (Y, y_0)$ は，位相空間の積であり，基点が (x_0, y_0) である．しかし以前に述べたように，$\mathbf{Top}_*$ での余極限は $\mathbf{Top}$ での余極限と異なる．特に，基点付き空間 X と Y の余積には，ウェッジ積という特別な名前がついている．

> **定義 6.6** 基点付き空間 (X, x_0) と (Y, y_0) に対し，**ウェッジ積**[†]（wedge product）$X \vee Y$ を商空間 $X \coprod Y / \sim$ で定義する．ここで，$x_0 \sim y_0$ とする．$X \vee Y$ の基点 $*$ は同値類 $[x_0] = [y_0]$ である．

つまり，ウェッジ積 $X \vee Y$ は X と Y をそれぞれの基点を貼り合わせてできていて，新しい空間の基点は X と Y の二つの基点が同一視されてできた 1 点である．たとえば，以下のようなものがある．

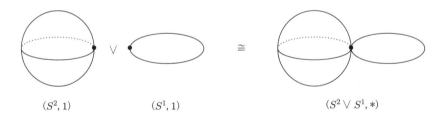

$(S^2, 1)$　　　　$(S^1, 1)$　　　　$(S^2 \vee S^1, *)$

ここで，包含写像

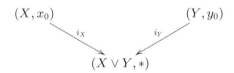

とウェッジ積は次の普遍性を満たす．任意の基点付き空間 (Z, z_0) と任意の写像

---

† 訳注：ウェッジ和（wedge sum）ともいう．

$f_X : (X, x_0) \to (Z, z_0)$ と $f_Y : (Y, y_0) \to (Z, z_0)$ に対し, 写像 $f : (X \vee Y, *) \to (Z, z_0)$ が一意的に存在して, $f_X = f i_X$ と $f_Y = f i_Y$ を満たす.

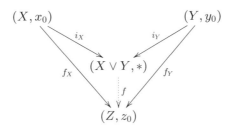

この $\mathbf{Top}_*$ におけるウェッジ積の普遍性を, すでに知っている $\mathbf{Top}$ における余積の普遍性から導くことができる. まず, 基点付き空間 (X, x_0) は, 空間 X と写像 $* \to X$ の組と同じであることに注意する. よって, ウェッジ積は次のように押し出しである.

押し出しの普遍性より, 任意の基点付き空間 Z に対し, 基点を保つ写像 $X \to Z$ と $Y \to Z$ の対を考えることは, 基点を保つ写像 $X \vee Y \to Z$ を考えることと同じである. 言い換えると, ウェッジ積は $\mathbf{Top}_*$ における押し出しである. この余積を用いて, 基点付き空間の積–hom 随伴の改良版を与える.

まずはじめに, 同一視 $\mathbf{Top}(X \times Y, Z) \cong \mathbf{Top}(Y, Z^X)$ を考察する. 基点付き空間の立場から, いくつか考えておくべきことがある. まず, x_0 と z_0 がそれぞれ X と Z の基点ならば, Z^X の基点として定値写像 $f_0 : X \to z_0$ が考えられる. 右辺の写像 $f : Y \to Z^X$ は基点を保たなければならないので, 任意の $x \in X$ に対し, $(f y_0) x = z_0$ を満たす. さらに, 任意の $y \in Y$ に対し, $f y : X \to Z$ は基点を保つ写像である. つまり, 任意の $y \in Y$ に対し, $(f y) x_0 = z_0$ より, 写像 $f : X \times Y \to Z$ の随伴が基点を保つ写像 $Y \to Z^X$ ならば, f は $(\{x_0\} \times Y) \cup (X \times \{y_0\})$ 上で恒等的に z_0 を値にとらなければならない. これが次の位相空間のスマッシュ積の定義の動機である.

定義6.7　二つの基点付き空間 (X, x_0) と (Y, y_0) の**スマッシュ積**(smash product) $X \vee Y$ は, 商空間

$$X \wedge Y := X \times Y / X \vee Y$$

と定義する．ここで，$X \vee Y$ は部分空間 $(\{x_0\} \times Y) \cup (X \times \{y_0\})$ と同一視する．基点は (x_0, y_0) である．

　X が局所コンパクトでハウスドルフのとき，スマッシュ積は，全単射 $\mathbf{Top}_*(X \wedge Y, Z) \cong \mathbf{Top}_*(Y, Z^X)$ が存在する最小の関係で積を割って得られる．よって，$\mathbf{Top}$ における積 – hom 随伴の自然性が，次のような基点付き空間の間の**スマッシュ積 – hom 随伴**（smash-hom adjunction）を導くのは驚くことではない．

$$X \wedge - : \mathbf{Top}_* \rightleftarrows \mathbf{Top}_* : (-)^X$$

　次の節で見るように，スマッシュ積 – hom 随伴の重要な場合は，X が円周のときである．

6.5　懸垂 – ループ随伴

　円周と基点付き空間 X のスマッシュ積には，**被約懸垂**という特別な名前が与えられている．また，X と単位閉区間のスマッシュ積を**被約錐**とよぶ．

定義 6.8　基点付き空間 (X, x_0) に対し，**被約錐**（reduced cone）CX と**被約懸垂**（reduced suspension）ΣX を次のように定義する．

$$CX := I \wedge X, \quad \Sigma X := S^1 \wedge X$$

より詳しく書くと，次のようになる．

$$CX := X \times I / \sim \qquad \text{ここで} \qquad (x, 1) \sim (x', 1)$$
$$(x_0, t) \sim (x_0, s)$$

$$\Sigma X := X \times I / \sim \qquad \text{ここで} \qquad (x, 0) \sim (x', 0)$$
$$(x, 1) \sim (x', 1)$$
$$(x_0, t) \sim (x_0, s)$$

ただし，$x, x' \in X$，$s, t \in I$ で，CX と ΣX の基点は同値類 $[(x_0, 1)]$ である．簡単

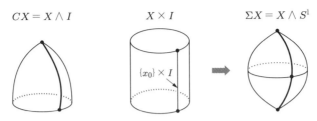

図6.1 被約錐（左）と被約懸垂（右）の図. 同一視される箇所は太い線と黒丸で示した.

な図 6.1 からわかるように，CX は底辺が X である錐を太い線に沿って潰して得られ，ΣX はシリンダーの上蓋と底を 1 点に潰してから太い線に沿って潰して得られる.

商空間 ΣX での同一視は定義 6.7 の同一視と両立していることに注意する. ここで，S^1 は I の両端 0 と 1 を同一視して得られることを使っている. さて，X が基点をもたないときも，類似の「非被約な」構成方法がある.

定義 6.9　X を位相空間とする. **錐**（cone）CX と**懸垂**（suspension）SX を次のように定義する.

$$CX := X \times I/\sim \qquad ここで \qquad (x,1) \sim (x',1)$$

$$SX := X \times I/\sim \qquad ここで \qquad (x,0) \sim (x',0)$$
$$(x,1) \sim (x',1)$$

用語自体は新しいが，懸垂は馴染みのあるコンパクト化の状況にも生じる. たとえば，$\mathbb{R}$ の 1 点コンパクト化は円周 S^1 で，$\mathbb{R} \times \mathbb{R}$ の 1 点コンパクト化は球面 S^2 である. しかし，$\mathbb{R} \times \mathbb{R}$ の別のコンパクト化として $S^1 \times S^1$ もある. これらはどのように関連しているのであろうか. 1 点コンパクト化の主な性質より，S^2 は $S^1 \times S^1$ の $(1 \times S^1) \cup (S^1 \times 1)$ による商である. つまり，$S^1 \wedge S^1 \cong S^2$ となる（次図）.

この議論は一般化される.

定理 6.3　X^* と Y^* を X と Y の 1 点コンパクト化とする. このとき，

$$X^* \wedge Y^* \cong (X \times Y)^*$$

となる. ここで，無限遠に付け加えた点が基点である.

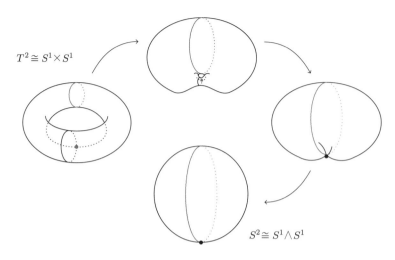

結果として，懸垂は S^n と S^{n+1} の間の簡単な関係を与える.

系 6.1　任意の $n \geq 0$ に対し，$\Sigma S^n \cong S^{n+1}$ が成り立つ.

$S^1 \wedge -$ と $(-)^{S^1}$ はともに $\mathbf{Top}_*$ から $\mathbf{Top}_*$ への関手であり，それぞれ**被約懸垂**（reduced suspension）Σ と**基点付きループ**（based loop）Ω とよばれる．これは次の**懸垂-ループ随伴**（suspension-loop adjunction）を与える．

$$\Sigma : \mathbf{Top}_* \rightleftarrows \mathbf{Top}_* : \Omega$$

対応 $\mathbf{Top}_*(\Sigma X, Y) \cong \mathbf{Top}_*(X, \Omega Y)$ は次のように理解される．写像 $f : \Sigma X \to Y$ と任意の点 $x \in X$ に対し，シリンダー $X \times I$ の部分空間 $\{x\} \times I$ を考える．商 ΣX を構成したのち，この空間は $\{x\} \times S^1$ となり，f によって Y に移る．x にこのループを対応させる対応が f の随伴である．特に，f は ΣX の基点 $*$ を Y の基点 y_0 に移す．これは，$*$ から $y_0 \in Y$ での定値ループへの写像である．さらに，写像の（基点を保った）ホモトピー類を考えると，任意の基点付き空間 X と Y に対し

$$[\Sigma X, Y] \cong [X, \Omega Y]$$

が成り立ち，次の重要な結果が得られる．

定理 6.4　X が基点付き空間ならば，任意の $n \geq 1$ に対し，$\pi_n X \cong \pi_{n-1} \Omega X$ となる.

証明　系 6.1 と懸垂 - ループ随伴より，次のようになる.

$$
\begin{aligned}
\pi_n X &= [S^n, X] \\
&\cong [\Sigma S^{n-1}, X] \\
&\cong [S^{n-1}, \Omega X] \\
&= \pi_{n-1} \Omega X \qquad \qquad \square
\end{aligned}
$$

　この構成は反復可能であることより，$\pi_n X \cong \pi_1 \Omega^{n-1} X$ を得る．任意の空間の基本群は群であることをすでに知っているので，高次のホモトピー群も群であることがわかった.

> **系 6.2**　(X, x_0) は基点付き空間とする．このとき任意の $n \geq 1$ に対し，$\pi_n(X, x_0)$ は群になる.

　さらに，$n \geq 2$ ならば，$\pi_n X$ はアーベル群になる．そのヒントを定理 6.6 の証明で与える．次の目標は，円周から始めて，馴染みのある空間の基本群を計算することである．円周は比較的簡単な空間という印象があるかもしれないが，その基本群を計算するには，ファイブレーションという新しい道具が必要になる.

6.6　ファイブレーションと基点付きパス空間

　数学においては，似たような対象を集めて組織化することがある．通常，組織化とは次のように形式化される．「全空間」E から「底空間」B の上への写像を構成する．集めて組織化された個々の対象は，この写像 $E \to B$ のファイバーたちである．このことを覚えておいて，ホモトピー論で現れる状況を説明しよう．位相空間の間の写像 $p : E \to B$ と別の空間 X について，写像 $g : X \to E$ とホモトピー $h : X \times I \to B$ があって，$h(-, 0)$ として $pg : X \to B$ が現れたとする．この $pg : X \to B$ を，ホモトピー $h : X \times I \to B$ の E への持ち上げ（拡張）の第 1 段階とみなす．残りの B 内のホモトピーは E に持ち上がるだろうかというのは自然な問いである．答えがイエスのとき，写像 p をファイブレーションという（次図）.

　このホモトピーの持ち上げの考え方に対し，ホモトピーの拡張という双対の概念がある．ホモトピー $A \times I \to X$ と写像 $i : A \to Y$ から始めよう．ホモトピーが Y に延びるかどうかは自然な問いである．特に写像 $g : Y \cong Y \times \{0\} \to X$ がすでに存

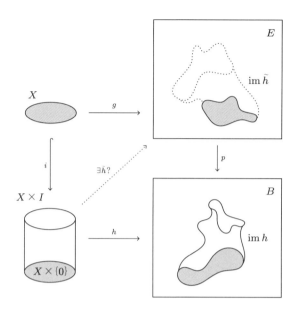

在して，拡張の第1段階とみなすとき，全体に拡張することが期待される．これが
できるとき，f をコファイブレーションという．

定義 6.10　写像 $p: E \to B$ が**ファイブレーション**（fibration）であるとは，下の
図式の外枠の四角形を可換にする任意の写像 h と g に対し，$\tilde{h}: X \times I \to E$ が存
在して，図式がすべて可換になることである．

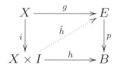

　ここで，i は各 $x \in X$ を $(x, 0)$ に移す写像である．通常，E をファイブレーショ
ンの**全空間**（total space）といい，B をファイブレーションの**底空間**（base space）
という．

　双対の考え方として，$i: A \to Y$ が**コファイブレーション**（cofibration）である
とは，次の図式の外枠の四角形を可換にする任意の写像 h と g に対し，$\tilde{h}: Y \to X^I$
が存在して，図式がすべて可換になることである．

ここで，e は 0 での評価写像で，パス γ を始点 $\gamma 0$ に移す．

これらの定義はとても興味深い．覚えておくべき点を述べよう．ファイブレーションは B への写像で，B 内のホモトピーがある 1 点で全空間に持ち上がるならば，全体に持ち上がるという性質がある．コファイブレーションは A からの写像で，A でのホモトピーが 1 点で拡張すれば，全体に拡張するという性質がある．これは以下の可換図式が意味することを考えると，すぐに理解できる．

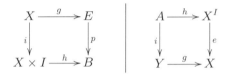

左の図式が可換であるためには，同型 $X \cong X \times \{0\}$ により hi と同一視される写像 $h(-,0) : X \times \{0\} \to B$ が，pg に等しくなければならない．これは，g がホモトピー h の点 0 での持ち上げであることを意味する．次に，ホモトピー拡張に関する右の図式において，随伴 $\mathbf{Top}(A \times I, X) \cong \mathbf{Top}(A, X^I)$ を思い出そう．すると，図式の h はホモトピー $A \times I \to X$ に対応する．そして，同型 $X \cong X \times \{0\}$ により，写像 $g : Y \to X^{\{0\}}$ は，ホモトピーの点 0 での i に沿っての拡張になっている．

ファイブレーションとコファイブレーションは「双対」の概念であるといってきた．数学の概念を双対化する際には常に気をつけなければならないが，ここでの意味は単純に，（コ）ファイブレーションは，1 点について考えると持ち上げ（拡張）が可能な写像のことである．この性質は，**ホモトピー持ち上げ可能性**（homotopy lifting property）や**ホモトピー拡張可能性**（homotopy extension property）といわれ，任意の空間に対し，ホモトピー持ち上げ（拡張）可能な写像を（コ）ファイブレーションとみなすことができる．

以下でいくつか例を見ていく．しかしまずは，（コ）ファイブレーションにおける持ち上げ・拡張の性質は，ホモトピー論で有効であることを知っておくのがよい．ホモトピーの立場からすると，任意の連続写像はファイブレーションかコファイブレーションである．これについてまず簡単に述べよう．

6.6.1 写像パス空間と写像シリンダー

　任意の連続写像は，ホモトピー同値の後にファイブレーションを合成する形に分解される．双対として，任意の連続写像は，コファイブレーションの後にホモトピー同値を合成する形に分解される．別の言い方をすると，任意の写像はホモトピーのレベルでは，ファイブレーションやコファイブレーションに自由に置き換えることができる．さらによいことに，これらの分解の仕方は構成的である．つまり，任意の与えられた写像 $f : X \to Y$ に対し，この分解を実現するホモトピー同値とファイブレーションを具体的に構成できる．コファイブレーションに関しても同様である．これらの主張に登場するホモトピー同値では，f に関して二つの位相空間が登場する．それが写像パス空間と写像シリンダーである．

> **定義 6.11** 写像 f の**写像パス空間**（mapping path space）P_f とは，下図のような引き戻しである．
>
>
>
> 　別の言い方をすれば，P_f は $fx = \gamma 1$ を満たす対 $(x, \gamma) \in X \times Y^I$ の全体である．P_f を**写像コシリンダー**（mapping cocylinder）ともいう．

　これより，対応 $x \mapsto (x, c_{fx})$ は X から P_f へのホモトピー同値を定義する（ホモトピー逆写像は，単に第1成分への射影である）というよい結果が得られる．そして，対 (x, γ) を $\gamma 1$ に移す写像 $P_f \to Y$ はファイブレーションである．その証明の背後にあるアイデアは，次項の例 6.1 のアイデアと同じである．よって上記の主張どおり，f はホモトピー同値の後にファイブレーションを合成する形に分解される．

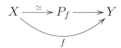

> **定義 6.12** 写像 f の**写像シリンダー**（mapping cylinder）M_f は，次図のような押し出しである．

ここで，写像 $X \to X \times I$ は $x \mapsto (x,0)$ で定義される．別の言い方をすれば，M_f は Y と $X \times I$ の余積空間において，各 $x \in X$ で fx と $(x,0)$ を同一視してできた商空間である．M_f の一つのイメージは，X が上蓋で，Y の内部に位置する fX が底蓋のシリンダーである．

$x \mapsto [(x,1)]$ で定義された写像 $X \to M_f$ はコファイブレーションであることが示せる．また，Y は M_f とホモトピー同値となり，任意の写像 $f : X \to Y$ はコファイブレーションとホモトピー同値に分解される．

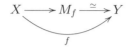

任意の写像がファイブレーションかコファイブレーションとホモトピー同値の合成になることは，ホモトピー論を調べる際に，ファイブレーションとコファイブレーションとホモトピー同値が内在的に有用であることを示唆している．そのことはモデル圏論の研究の動機となる．**モデル圏**（model category）とは，完備かつ余完備な圏で，ある条件を満たすファイブレーション，コファイブレーション，および弱同値とよばれる三つのクラスの射からなる．またはより簡潔に，「ホモトピー論が展開できる」圏である．期待どおり，**Top** におけるホモトピー同値と定義 6.10 のファイブレーションとコファイブレーションは，モデル圏の原型の例を与える（Strøm, 1972 を参照）が，それらが **Top** のただ一つのモデル構造ではないし，モデル構造をもつ圏は **Top** のみではない．これらのアイデアをここで紹介したのは読者の好奇心を刺激するためである．（コ）ファイブレーション，同値，モデル圏，一般化された圏論的ホモトピー論のより圏論的な議論については Riehl (2014) に載っている．

さあ本来の課題に戻ろう．次は例を挙げていこう．

6.6.2 例と結果

ファイブレーションの最初の例として，基点付き空間 X に付随する新しい写像空間を導入する．

定義6.13 写像空間 $\mathcal{P}X = \mathbf{Top}_*((I,0),(X,x_0))$ を X の**基点付きパス空間**（based path space）という．

よって，$\mathcal{P}X$ の点は，x_0 を始点とし，ある $x \in X$ を終点とするパスからなる．この基点付きパス空間自身が，基点を保つ定数写像 $c_{x_0}: I \to x_0$ を基点とする基点付き空間である．

区間 I を基点付き空間として2通りに見ていることに気がついたかもしれない．基点を0とするか1とするかである．基点付き空間 X 上の被約錐 CX を $CX = X \wedge I$ と構成する際，I の基点は1とみなす．上下ひっくり返った被約錐を考えたくないのである．一方，基点付き空間 X 上の基点付きパス空間 $\mathcal{P}X$ を $\mathbf{Top}_*(I, X)$ と構成する際，I の基点は0とみなす．X の基点はパスの終点でなく始点にしたいのである．

しかし，パスの両端は興味深い．パス γ をその終点 $\gamma 1 \in X$ に移す写像 $p: \mathcal{P}X \to X$ が存在する．この写像は，$\mathcal{P}X$ と別の重要な写像空間との間のよい関係を与える．ファイバー $p^{-1}x_0$ は x_0 でのループ全体からなる．つまり，$p^{-1}x_0 = \Omega X$ で，次の図式が状況を表している．

$$\begin{array}{ccc} \Omega X & \longrightarrow & \mathcal{P}X \\ & & \downarrow{\scriptstyle p} \\ & & X \end{array}$$

p は c_{x_0} を x_0 に移すので基点を保つ．さらにファイブレーションでもあることが，次の例 6.1 からわかる．

■**例6.1** 任意の基点付き空間 X に対し，パス γ を終点 $\gamma 1$ に対応させる写像 $p: \mathcal{P}X \to X$ はファイブレーションである．可換図式

$$\begin{array}{ccc} Z & \stackrel{g}{\longrightarrow} & \mathcal{P}X \\ \downarrow & & \downarrow{\scriptstyle p} \\ Z \times I & \stackrel{h}{\longrightarrow} & X \end{array}$$

が存在すると仮定する．ここで，Z は任意の基点付き空間である．$z \in Z$ を固定すると，gz は点 $h(z,0)$ を終点とする X のパスである．ここで，点 $h(z,0)$ は，z を

固定したままとすると，パス h_z の始点である[†]．よって，パスの合成 $h_z \cdot gz$ をパラメータづけするため，$\tilde{h} : Z \times I \to \mathcal{P}X$ を次のように定義する．

$$\tilde{h}(z,t)s = \begin{cases} gz(s(1+t)) & \left(0 \le s \le \dfrac{1}{1+t} \text{ のとき}\right) \\ h(z, s(1+t)-1) & \left(\dfrac{1}{1+t} \le s \le 1 \text{ のとき}\right) \end{cases}$$

$\tilde{h}$ は基点を保ち，図式を可換にすることが確かめられる．　　　■

基点付きパス空間の話題として，次は知っておくとよい性質である．

┃命題 6.1　$\mathcal{P}X$ は可縮である．

証明　1 点空間を $*$ とする．合成 $* \to \mathcal{P}X \to *$ は id_* に等しいので，$\mathcal{P}X$ が $*$ とホモトピー同値であることを示すには，パス γ を定数写像 c_{x_0} に移す合成 $\mathcal{P}X \to * \to \mathcal{P}X$ が $\mathrm{id}_{\mathcal{P}X}$ とホモトピックであることを示せばよい．

$h : \mathcal{P}X \times I \to \mathcal{P}X$ を $h(\gamma, t) = \gamma_t$ と定義する．ここで，$\gamma_t : I \to X$ はパス $\gamma_t(s) = \gamma(s - ts)$ である．このとき h は，$t = 0$ で $\mathcal{P}X$ 上恒等写像で，$t = 1$ で定数写像 $\gamma \mapsto c_{\gamma 0}$ である．さらに，任意の t で $h(c_{x_0}, t) = c_{x_0}$ より，h は基点を保つ．　　　□

次は，ファイブレーションのもう一つの重要な例である．

■例 6.2　$\mathbb{R}$ から S^1 への $y \mapsto e^{2\pi i y}$ で与えられる写像は，ファイバーが $\mathbb{Z}$ のファイブレーションである．つまり，図式

$$\begin{array}{ccc} X & \xrightarrow{\ g\ } & \mathbb{R} \\ \downarrow & & \downarrow{\scriptstyle p} \\ X \times I & \xrightarrow{\ h\ } & S^1 \end{array}$$

が可換ならば，p を通るホモトピー h の持ち上げが存在する．　　　■

　鍵になるのは，p が局所同相であることである．任意の $y \in \mathbb{R}$ に対し，y の開近傍が存在して像に同相である．たとえば，区間 $(y - 1/2, y + 1/2)$ をとればよい．よって，S^1 の開被覆 $\mathcal{U}$ が存在して，任意の $U \in \mathcal{U}$ について，逆像 $p^{-1}U$ の一つひとつは，U と同相な $\mathbb{R}$ の互いに交わらない開集合の集まりである．h は連続なので，

[†]　訳注：h_z とは，$h_z(t) = h(z,t)$ のこと．

逆像 $h^{-1}\mathcal{U}$ は $X \times I$ の開被覆である．さらに，各コンパクト部分集合 $\{x\} \times I$ に対し，有限部分被覆が存在し，それをたとえば $\mathcal{V}_x \subset h^{-1}\mathcal{U}$ とする．

　どれか一つの $\mathcal{V}_x$ に沿って，帰納的に h を持ち上げるのは難しくないが，それには二つの観察が必要である．一つ目は，もし，空集合ではない部分集合 $S \subset h^{-1}U \in \mathcal{V}_x$ で持ち上げ $g_x : S \to \mathbb{R}$ が定義されるならば，$g_x S$ は，$p^{-1}U$ 内の互いに交わらない U に同相な開集合の一つに完全に含まれる†．それを U_S としよう．二つ目は，p の制限 $p_S : U_S \to U$ は同相である．よって，$h^{-1}U$ 上で $g_x := p_S^{-1}h$ と宣言して，そのような g_x の定義域を拡張することができる．図で描くと以下のようになる．

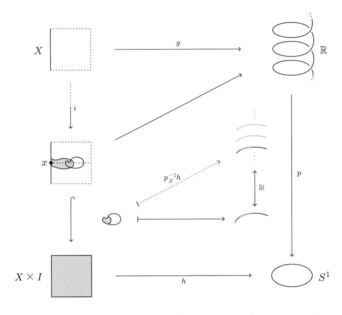

　有限部分被覆で（与えられた g を用いて）帰納的に，各 $x \in X$ に対し，その定義域が $\{x\} \times I$ の開被覆 $\mathcal{V}_x$ を含む持ち上げ g_x を定義することができる（下図）．

　被覆 $\mathcal{V}_x$ の元である集合が三つ以上重なることは可能で，この場合，g を g_x に拡

---

†　訳注：U や S が連結であることを仮定しているようである．

張するいくつかの選び方がある．しかし p は局所同相より，すべての拡張は重なりで一致していなければならない．よって，g_x は well-defined である．

二つの持ち上げ g_x と $g_{x'}$ はそれぞれの定義域の交わりで一致することが，同様の考察からわかる．よって g_x が集まって，一意的に定まる写像 $\tilde{h}: X \times I \to \mathbb{R}$ になり，次の図式を可換にする．

別の言い方をすると，指数関数 p はファイブレーションである．

これらの例は，円周を底空間とする二つの異なるファイブレーションを与える．

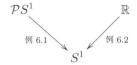

この三角形が閉じるかどうか気になるのは自然である．$\mathbb{R}$ と $\mathcal{P}S^1$ は関係があるだろうか．答えはイエスで，両方とも可縮であり，よって，両者の間にホモトピー同値が存在する[†]．したがって，次の定理より，それぞれのファイブレーションはホモトピー同値なファイバーを有する．

定理 6.5 p と q は底空間 B のファイブレーションであり，f は全空間からの写像で次の図式を可換にするとする．

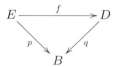

このとき，f がホモトピー同値ならば，f はファイバー間のホモトピー同値を誘導する．

[†] 訳注：図式を可換にするホモトピー同値がとれる理由は以下のとおり．任意の $\gamma \in \mathcal{P}S^1$ を $\gamma: I \to S^1$ と見ると，例6.2 より $\tilde{\gamma}: I \to \mathbb{R}$ が存在して $p \circ \tilde{\gamma} = \gamma$ となる．よって，$f: \mathcal{P}S^1 \to \mathbb{R}$ を $f(\gamma) = \tilde{\gamma}1$ とすると，f はファイバー保存写像である．一方，$\mathbb{R}$ は可縮より，$\mathbb{R}$ と $\{0\}$ のホモトピー同値を与える写像 $h: \mathbb{R} \times I \to \mathbb{R}$ を $h(x, t) = tx$ としたとき，$\gamma_x = ph(x, 1-t)$ は $\mathcal{P}S^1$ の元より，$g(x) = \gamma_x$ とすると，$g: \mathbb{R} \to \mathcal{P}S^1$ は f のホモトピー逆写像になる．したがって，f はホモトピー同値である．

三角形の可換性より，任意の $b \in B$ について $fp^{-1}b \subset q^{-1}b$ なので，f は**ファイバー保存写像**（fiber-preserving map）である．しかし，そのホモトピー逆写像 $f' : D \to E$ はファイバー保存とは限らないし，ホモトピー $ff' \simeq \mathrm{id}_D$ かつ $f'f \simeq \mathrm{id}_E$ はファイバー保存とは限らない．しかし，f' をファイバー保存なホモトピー同値写像 g に置き換えることができる．そして，g が $fg \simeq \mathrm{id}_D$ かつ $gf \simeq \mathrm{id}_E$ を満たし，各ホモトピーがファイバー保存ならば，任意の $b \in B$ について，f のファイバーへの制限はファイバー間のホモトピー同値 $p^{-1}b \simeq q^{-1}b$ になる．定理はそのような g が構成できるかどうかにかかっている．

証明　仮定より，ff' と id_D の間のホモトピー h' が存在する．ファイブレーション q の前にそれを合成して，pf' から q へのホモトピー $h : D \times I \to B$ が得られる．外枠の四角形は可換である．

$$
\begin{array}{ccc}
D & \xrightarrow{\ f'\ } & E \\
\downarrow & {\scriptstyle \tilde{h}} \nearrow & \downarrow {\scriptstyle p} \\
D \times I & \xrightarrow{\ h\ } & B
\end{array}
$$

p はファイブレーションより，$\tilde{h}(-, 0) = f'$ を満たす持ち上げ $\tilde{h}$ が存在する．$g := \tilde{h}(-, 1)$ が求める写像であることを主張する．まず，上の図式の可換性から，g はファイバー保存である．さらに，fg と id_D は，次で定義される写像 $k : D \times I \to D$ でホモトピックである．

$$
k(d, t) = \begin{cases} f\tilde{h}(d, 1 - 2t) & \left(0 \le t \le \dfrac{1}{2} \text{のとき}\right) \\ h'(d, 2t - 1) & \left(\dfrac{1}{2} \le t \le 1 \text{のとき}\right) \end{cases}
$$

しかし，各 $t \in I$ で写像 $k(-, t)$ はファイバー保存ではないかもしれない．この点について，ホモトピー qk から，q から q 自身へのホモトピーへのホモトピー $M : D \times I \times I \to B$ が定義でき，次の図式を可換にする．

$$
\begin{array}{ccc}
D \times I & \xrightarrow{\ k\ } & D \\
\downarrow & {\scriptstyle L} \nearrow & \downarrow {\scriptstyle q} \\
D \times I \times I & \xrightarrow{\ M\ } & B
\end{array}
$$

q はファイブレーションより，M はホモトピー L に持ち上がる．L は図式にうま

くあてはまるので，欲しかった fg から id_D へのファイバー保存なホモトピーを与える.

$$fg = k(-,0) = L(-,0,0) \simeq L(-,1,0) = k(-,1) = \mathrm{id}_D$$

同様にして，$gf \simeq \mathrm{id}_E$ となる．その概略は以下のとおりである．ファイブレーション p とホモトピー $f'f \simeq \mathrm{id}_E$ より，次の図式を可換にするホモトピー $E \times I \to B$ が得られる.

$$
\begin{array}{ccc}
E & \xrightarrow{\ f\ } & D \\
\downarrow & \nearrow & \downarrow{\scriptstyle q} \\
E \times I & \longrightarrow & B
\end{array}
$$

ホモトピーの持ち上げは写像 $\overline{g}: E \to D$ を定義する．このとき，ファイバー保存なホモトピーで $g\overline{g} \simeq \mathrm{id}_E$ となるので，$\overline{g} = \mathrm{id}_D\overline{g} \simeq fg\overline{g} \simeq f$ より，$gf \simeq g\overline{g} \simeq \mathrm{id}_E$ となる. $\qquad\square$

すぐに，いくつかの重要な系を得る.

┃系 6.3 円周のループ空間 ΩS^1 は，$\mathbb{Z}$ とホモトピー同値である.

証明 例 6.1，6.2 より，$\mathbb{R} \to S^1$ と $\mathcal{P}S^1 \to S^1$ はともにファイブレーションである．さらに，（命題 6.1 と例 1.21 より）$\mathcal{P}S^1$ と $\mathbb{R}$ はともに可縮である．よって，それらの間のホモトピー同値は，次のファイブレーションを可換にする[†].

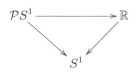

定理 6.5 より，$\mathcal{P}S^1 \to S^1$ と $\mathbb{R} \to S^1$ のファイバー ΩS^1 と $\mathbb{Z}$ は，ホモトピー同値である. $\qquad\square$

実際，このアイデアはより一般に成り立つ.

┃系 6.4 $p: E \to B$ はファイバー F のファイブレーションとする．E が可縮なら

[†] 訳注：定理 6.5 の上の訳注を参照.

ば, F はループ空間 ΩB とホモトピー同値である.

すぐに, 次の結果を得る.

系 6.5 S^1 の基本群は $\mathbb{Z}$ と同型である[†].

証明 系 6.3 より, $\Omega S^1 \simeq \mathbb{Z}$ なので, 次のようになる.

$$\pi_0 \Omega S^1 \cong \pi_0 \mathbb{Z}$$

定理 6.4 より, 左辺は $\pi_1 S^1$ である. 右辺は $\mathbb{Z}$ の連結成分の全体であるから, $\mathbb{Z}$ である. □

空間の π_0 は群ではなく単に集合なので, 系 6.5 の証明における同型は集合としての全単射でしかない. $\pi_0 \Omega S^1$ は自然に群であり, 系 6.3 の証明における写像をよく見ることで, 群の同型 $\pi_1 S^1 \cong \mathbb{Z}$ がわかるが, 詳細は略す.

次の重要な結論も得られる.

系 6.6 $n \geq 2$ に対し, 円周の n 次元ホモトピー群は自明である.

証明 $n \geq 2$ ならば,

$$\pi_n S^1 = \pi_{n-1} \Omega S^1 = \pi_{n-1} \mathbb{Z} = [S^{n-1}, \mathbb{Z}]$$

となる. $n > 1$ で S^{n-1} は連結であるから, これから $\mathbb{Z}$ への任意の基点を保つ写像は, $\mathbb{Z}$ への定数写像である. □

n 次元ホモトピー群の話題として, 次の結果はすでに予告した.

定理 6.6 $n \geq 2$ に対し, 空間 X の n 次元ホモトピー群 $\pi_n X$ はアーベル群である.

証明 証明は演習問題 4 に残しておく, 下図は $n = 2$ の場合のヒントになる.

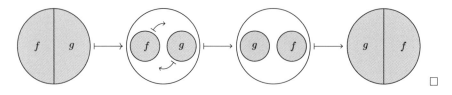

□

---

† 訳注：集合としての同型しかいえていない.

さて，円周の基本群を計算したので，その結果の応用を紹介する．その後で，馴染みのある空間の基本群の計算に焦点を移す．ザイフェルト–ファン・カンペンの定理が道具となることを見ていく．

6.6.3　$\pi_1 S^1$ の応用

同型 $\pi_1 S^1 \cong \mathbb{Z}$ からよい結果が導かれる．そのうちのいくつかを紹介しよう．2.1 節では，閉区間 $[-1, 1]$ からそれ自身への連続写像は不動点をもつことを見た．まずはじめに，その 2 次元版を考察しよう．

ブラウワーの不動点定理（Brouwer's fixed point theorem）　任意の連続写像 $D^2 \to D^2$ は不動点をもつ．

証明　$f : D^2 \to D^2$ が不動点をもたないとする．任意の $x \in D^2$ に対し，下図のように，fx を始点とする x を通る半直線が存在する．

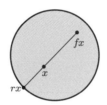

rx をその半直線と $S^1 = \partial D^2$ の交点とする．このとき，r は連続写像で，任意の $x \in S^1$ は $rx = x$ を満たす．つまり，$i : S^1 \hookrightarrow D^2$ を包含写像とすると，$ri = \mathrm{id}_{S^1}$ である．S^1 の基点 1 を選んで π_1 を適用すると，次の図式を得る．

$$\pi_1(S^1, 1) \xrightarrow{\ \pi_1 i\ } \pi_1(D^2, 1) \xrightarrow{\ \pi_1 r\ } \pi_1(S^1, 1)$$
$$\pi_1(\mathrm{id}_{S^1}) = \mathrm{id}_{\pi_1(S^1, 1)}$$

ここで，$\pi_1 D^2 \cong 0$ かつ $\pi_1 S^1 \cong \mathbb{Z}$ より，恒等写像が値が 0 の定値写像に分解することになり，矛盾である．　　　　□

次の線形代数の結果は，この定理の系である．

ペロン–フロベニウスの定理（Perron–Frobenius theorem）　成分がすべて正である 3×3 行列は，正の固有値をもつ．

証明　Δ^2 を，各成分が区間 $[0,1]$ に含まれ $x+y+z=1$ を満たす $\mathbb{R}^3$ の点 (x,y,z) の集まりとする．つまり，Δ^2 は $\mathbb{R}^3$ の第 1 象限に含まれる単位四面体の，原点の向かい側の面のことである．A を成分が正の実数である 3×3 行列とし，連続写像 B を

$$Bv = \frac{1}{\lambda_v} Av$$

と定義する．ここで，λ_v はベクトル Av の成分の和とする．このとき，B は Δ^2 から Δ^2 への線形変換である．そして，Δ^2 と円板 D^2 は同相なので，不動点をもつ．つまり，ベクトル w が存在して，$w = Bw$ より $Aw = \lambda_v w$ となり，仮定から λ_v は正である． □

$\pi_1 S^1$ の応用をさらに二つ挙げよう．両方とも次の定義が必要である．

定義 6.14　$f : (S^1, 1) \to (S^1, f1)$ に対し，パス $f1 \to 1$ を一つ選んで，同型 $\pi_1(S^1, f1) \cong \pi_1(S^1, 1)$ を定義する．このとき，$\pi_1 f$ は生成元 $[\gamma] \in \pi_1(S^1, 1)$ を $[\gamma]$ の整数倍に移す．この整数を $\deg f$ と書いて，f の**次数**（degree）という．

$\pi_1(S^1, 1)$ がアーベル群であることから，$\deg f$ の定義は $f1$ から 1 へのパスのとり方によらないことがわかる．また，f と g がホモトピー同値な写像ならば，$\pi_1 f$ と $\pi_1 g$ は同じ群の準同型なので，$\deg f$ は f のホモトピー類にしかよらないこともわかる．

■例 6.3　S^1 上の恒等写像の次数は 1 である．$90°$ 回転は恒等写像とホモトピックであるから，z を iz に移す写像の次数も 1 である．任意の $n \geq 1$ に対し，写像 $z \mapsto z^n$ の次数は n である． ■

定理 6.7　$f : S^1 \to S^1$ の次数が 1 でないならば，f は不動点をもつ．

証明　もし f が不動点をもたないとすると，$h : S^1 \times I \to S^1$ を

$$h(x,t) = \frac{(1-t)fx + tx}{|(1-t)fx + tx|}$$

で定義できる．このとき，h は f と id_{S^1} の間のホモトピーであることより，$\deg f = 1$ となる． □

次数の概念は，$\pi_1 S^1 \cong \mathbb{Z}$ の別の応用を与える．

代数学の基本定理（fundamental theorem of algebra） 任意の多項式

$$pz = z^n + c_{n-1}z^{n-1} + \cdots + c_0, \quad c_i \in \mathbb{C}, \quad n \neq 0$$

は $\mathbb{C}$ に根をもつ.

証明 $n \neq 0$ とし, p は根をもたないとする. そのとき,

$$h(z,t) = \frac{p(tz)}{|p(tz)|}$$

は $p/|p|$ と $c_0/|c_0|$ の間のホモトピーを定め, $c_0/|c_0|$ は定数写像である. つまり, $p/|p|$ は次数 0 である. 一方,

$$i(z,t) = \frac{t^n p(z/t)}{|t^n p(z/t)|}$$

は, $p/|p|$ と次数 n の写像 $z \mapsto z^n$ の間のホモトピーを定める. よって, $0 = \deg p/|p| = n$ より矛盾する. $\square$

$\pi_1 S^1$ を用いて, ほかの空間の基本群を計算しよう. ザイフェルト-ファン・カンペンの結果がそのための道具になる.

6.7 ザイフェルト-ファン・カンペンの定理

すでに 2.1 節で言及したように, 数学には分野によらず共通の考え方がある. 各部分の情報と, それらが互いにどのように関連しているかの情報から, 全体の情報がわかるという考え方である. これは位相空間において特にあてはまる. そこでは, しばしば空間は開集合に分解され, 各開集合の情報とそれらがどのように関連しているかの情報から, 空間全体の情報がわかる. この方法は, 基本亜群（や基本群）を計算する際に特に有効である. 空間 X が二つの開集合 U と V の和集合に分解され, U と V と $U \cap V$ の基本亜群がわかれば, X の基本亜群の情報について何か得られると期待できる. 次の定理が示すように, それは, X を構成している各部分の基本亜群の余極限になる.

ザイフェルト-ファン・カンペンの定理（Seifert van Kampen theorem） U と V は位相空間 X の開集合で $X = U \cup V$ を満たすとする. このとき, 空間とその

間の連続写像からなる次のような図式が得られる.

$$\begin{array}{ccc} U \cap V & \longrightarrow & U \\ \downarrow & & \downarrow \\ V & \longrightarrow & X \end{array}$$

π_1 を作用させると，亜群の圏での押し出しの図式が得られる.

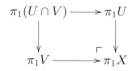

証明　証明のアイデアは次のとおりである.　G を次の左側の図式にあてはまる任意の亜群とすると，右側の図式を可換にする関手 Φ を構成する必要がある.

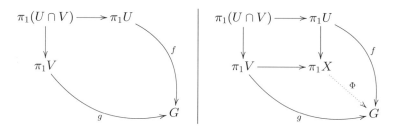

$x \in X$ とすると，$x \in U$ ならば $\Phi x = fx$，$x \in V$ ならば $\Phi x = gx$ とすればよい.
$x \in U \cap V$ ならば両者は一致する.

Φ をパス $x \to y$ のホモトピー類に定義するため，代表元のパス $\gamma : I \to X$ を選び，I のコンパクト性を用いて，パス γ をパスの合成 $\gamma_n \cdots \gamma_1$ で各パス γ_i が U か V に入るようにする.　このとき，$\Phi([\gamma])$ を $(f$ か $g)[\gamma_n] \cdots (f$ か $g)[\gamma_2](f$ か $g)[\gamma_1]$ で定義する.　$\gamma' \simeq \gamma$ とし，γ と γ' の間のホモトピーを h とすると，$I \times I$ のコンパクト性から，h の像を分割して U か V に入るようにできるため，$\Phi[\gamma]$ が well-defined になる.　詳細は各自で確認してほしい.　　　　□

次の重要な結論が導かれる.

命題6.2　U と V は位相空間 $X = U \cup V$ の開集合で，$x_0 \in U \cap V$ とする.　このとき，次のような位相空間と連続写像の可換図式が得られる.

$U \cap V$ が弧状連結ならば，次の図式は群の圏における押し出しである．

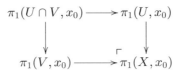

証明　基本群の定義 6.5 の後にした一般の注意と，$U \cap V$ が弧状連結であることより，基本群は基本亜群と圏として同値である．　　　　　　　　　　□

　$U \cap V$ が弧状連結になる必要がある理由を知るため，$X = S^1$ とし，U と V を下図で示した部分集合とする．

　このとき，$U \cap V$ は 2 点からなる空間とホモトピー同値で，U も V も可縮である．ザイフェルト‐ファン・カンペンの定理を認めると，以下の群の押し出し図式が得られる．

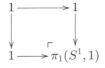

　しかし，図式 $1 \leftarrow 1 \rightarrow 1$ の押し出しは自明な群 1 なので，$1 \cong \pi_1(S^1, 1) \cong \mathbb{Z}$ となり，明らかに矛盾する．

　「圏 **Grp** における押し出しとは何だろう」と思うかもしれない．二つの群 G と H の余積は，それらの**自由積**（free product）$G * H$ という，G と H で生成され，G と H の関係式（生成元の間の等式）から定まる関係式で定まる群である．このとき，群の押し出し $H \leftarrow K \rightarrow G$ は，次の図式を可換にする自由積の商群である．

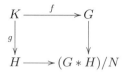

ここで，任意の $k \in K$ に対して定まる関係式 $fk = gk$ で生成される $G*H$ の（最小の）正規部分群が N である．この構成は**融合自由積**（amalgamated free product）とよばれることもある．

6.7.1 例

最後にザイフェルト–ファン・カンペンの定理を用いて，馴染みのある空間の基本群を計算しよう．

■**例 6.4** $X = S^2$ を球面とする．U を S^2 から点 $(0,0,1)$ を除いたものとし，V を S^2 から点 $(0,0,-1)$ を除いたものとする．このとき，$U \cap V$ は円周とホモトピー同値となり，基本群は $\mathbb{Z}$ と同型になる．そして，U も V も可縮より，以下の群の可換図式が得られる．

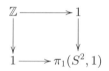

よって，S^2 の基本群は自明である．　　　　　　　　　　　　　　　■

■**例 6.5** 二つの円周のウェッジ積 $S^1 \vee S^1$，すなわち「8の字」を考える．U と V を下図に示した部分空間とする．

$U \cap V$ は可縮で，U も V も円周にホモトピー同値である．よって，基本群は $\mathbb{Z}$ と同型になる．これは 1 元生成の自由群であるから，$\pi_1 U$ と $\pi_1 V$ を生成するループを α と β として，$\pi_1 U \cong F\alpha$ と $\pi_1 V \cong F\beta$ と書く．よって，次の図式が得られる．

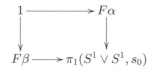

したがって，$S^1 \wedge S^1$ の基本群は 2 元生成自由群であり，$F\alpha * F\beta \cong F(\alpha, \beta)$ となる．∎

■ **例 6.6** 例 1.18 で見たように，トーラス T は，正方形の向かい合う辺どうしを下図のように同一視して得られる商空間であった．

正方形の四つの頂点は 1 点に同一視される，これを t_0 としよう．このようにして基点付きトーラス (T, t_0) が得られる．p を T の別の点とする．$V = T \setminus \{p\}$ とし，U を p と t_0 の両方を含む小さな円板とする．正方形の二つの辺を α と β とするとき，下図のようになる．

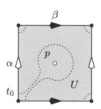

ここで，U は可縮である．さらに，V はループ α と β のウェッジ積の上にレトラクトされる．この様子を見るために，p を取り除いて，残りのグレーの部分を正方形の境界にレトラクトすることを考える．向かい合う辺を貼り合わせて，ループ (α, t_0) と (β, t_0) のウェッジ積 $(S_1 \vee S_1, t_0)$ が得られる．よって，例 6.5 より，$\pi_1(V, t_0)$ は α と β で表す二つのループの自由積で与えられる．最後に，U と V の共通部分は穴あき円板 $U \setminus \{p\}$ であるから，下記のように内側の「棒付きキャンディー」にレトラクトされる．

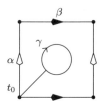

その基本群は，t_0 から対角方向に進み，時計回りに円周を回って再び t_0 へ対角方向に戻るループ γ で自由生成される．よって，ザイフェルト–ファン・カンペンの定理より，次の図式が得られる．

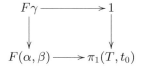

しかし，包含 $U \cap V \to V$ は γ を γ に移す．そして，V の正方形の境界へのレトラクトで，γ は $\alpha\beta\alpha^{-1}\beta^{-1}$ に移るので，群の準同型 $F\gamma \to F(\alpha, \beta)$ は γ を $\alpha\beta\alpha^{-1}\beta^{-1}$ に移す．よって，$\pi_1(T, t_0)$ は，$F(\alpha, \beta)$ を $\alpha\beta\alpha^{-1}\beta^{-1} = 1$ の関係式で割った商群になる．この群は $\mathbb{Z} \times \mathbb{Z}$ と同型である．

この例は $\pi_1(S^1 \times S^1) \cong \pi_1 S^1 \times \pi_1 S^1$ を示しているが，驚くほどの結果ではない．圏論的手法を身につけている読者は，関手 π_1 は積を積に移すことを確認できるだろう．　　　　　　　　　　　　　　　　　　　　　　　　　　　　　　■

■**例 6.7**　例 1.18 を再び取り上げる．クラインの壺 K は，正方形の向かい合う辺どうしを下図のように同一視して得られる．

トーラスの場合と同じようにして基本群が計算できる．正方形の一つの頂点を k_0 とし，p を K の別の点とする．U を p を含む開円板とし，$V = K \setminus \{p\}$ とすると，例 6.6 と同様の議論により，以下のような設定ができる．ザイフェルト–ファン・カンペンの定理から，

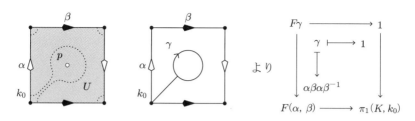

が得られる．結論として，$\pi_1(K, k_0)$ は，二つの生成元と一つの関係式からなる群の表示 $\langle \alpha, \beta \mid \alpha\beta\alpha\beta^{-1} \rangle$ をもつ群と同型になる． ∎

　計算に没頭してしまう前に，いっておかなければならないことがある．残念ながら，与えられた群の表示が自明な群を表すかどうかを決定するアルゴリズムは存在しないことが，すでに知られている（Wikipedia, 2019）．これは語の問題の一種で，計算機の終了問題と実際は同値である．よって，群の表示を扱う際には注意が必要である．

演習問題

1. $d_0 x = (x, 0)$ と $d_1 x = (x, 1)$ で定義される写像 $d_0, d_1 : X \to X \times I$ はともに，射影 $s : X \times I \to X$ とホモトピー同値であることを示せ．

2. $f : S^1 \to S^1$ が任意の $x \in S^1$ に対し $\|f(x) - x\| < 1$ を満たすならば，f は全射であることを示せ．

3. n 次元射影空間は自然に基点付き空間である．その基点は，商 $\mathbb{RP}^n \cong S^n/\sim$ における S^n の基点の同値類である．ここで，$\sim$ は対蹠点を同一視する．
    (a) $\pi_1 \mathbb{RP}^2 \cong \mathbb{Z}/2\mathbb{Z}$ を示せ．
    (b) $\pi_1(\mathbb{RP}^2 \vee \mathbb{RP}^2)$ を計算せよ．
    (c) $\mathbb{RP}^2 \vee \mathbb{RP}^2$ は $\mathbb{RP}^2 \times \mathbb{RP}^2$ のレトラクトかどうか確かめよ．

4. エックマン–ヒルトン（Eckmann–Hilton）の方法とは何か調べよ．それを使って，位相空間の高次元ホモトピー群は可換であることを示せ．

5. X と Y は局所コンパクトでハウスドルフ空間とし，$f : X \to Y$ はコファイブレーションとする．このとき，任意の空間 Z に対し，写像 $f^* : Z^Y \to Z^X$ はファイブレーションであることを示せ．

記号一覧

$B(x,r)$	中心 x, 半径 r の開球	3
∂	境界	42
C	一般の圏	4
$\mathbf{C}^{\mathrm{op}}$	圏 **C** の反対圏	6
CG	コンパクト生成空間と連続写像の圏	126
CGWH	コンパクト生成弱ハウスドルフ空間と連続写像の圏	126
CH	コンパクトハウスドルフ空間と連続写像の圏	112
$\mathbb{C}$	複素数の全体	40
CX	（基点付き）位相空間 X の（被約）錐	143
D^n	$\mathbb{R}^n$ の閉単位球	3
$\emptyset$	空集合	2
$\twoheadrightarrow$	全射，エピ射	17
k	一般の体	5
kX	位相空間 X の k 化	127
Fld	体の圏	19
Grp	群の圏	6
$\hat{f}$	写像 f の随伴対応	103
$\simeq$	ホモトピー	39
hTop	位相空間のホモトピー圏	6
$\mathbf{hTop}_*$	基点付き位相空間のホモトピー圏	138
$L \dashv R$	左随伴 L と右随伴 R	103
l_p	p-ノルムで収束する（実）数列からなるノルム空間	25
M_f	f の写像シリンダー	148
$\rightarrowtail$	モノ射	16
$\mathbf{Nat}(F,G)$	圏 **C** から **D** への関手 F と G の間の自然変換．$\mathbf{D}^{\mathbf{C}}(F,G)$ とも書く．	13
$\mathbb{N}$	自然数の全体	25
P_f	f の写像パス空間	148
π_n	n 次ホモトピー関手 $[S^n, -] : \mathbf{Top}_* \to \mathbf{Set}$	139

π_1	位相空間から，部分空間や点に相対的な基本（亜）群への関手	136, 137
$R\mathbf{Mod}$	環 R 上の加群の圏	6
$\mathbb{R}$	実数の全体	3
$\mathbb{RP}^n$	n 次元実射影空間	33
$\mathbf{Set}$	集合の圏	6
$\mathbf{Set}_*$	基点付き集合の圏	6
ΣX	基点付き位相空間 X の被約懸垂	142
$\mathrm{spec}\, R$	環 R の素イデアルの全体	24
S^n	n 次元球面	3
SX	位相空間 X の懸垂	143
$\mathcal{T}_x$	位相 $\mathcal{T}$ における点 x の開近傍	3
$\mathbf{Top}$	位相空間の圏	6
$\mathbf{Top}_*$	基点付き位相空間の圏	6
$\mathcal{T}$	一般の位相空間	2
$\mathbf{Vect}_\mathbf{k}$	$\mathbf{k}$ ベクトル空間の圏	5
$\mathbf{WH}$	弱ハウスドルフ空間と連続写像の圏	126
X^*	R 加群 X の双対 R 加群．$R\mathbf{Mod}(X, R)$ のことで，$\mathrm{hom}(X, R)$ とも書く．	20

参考文献

Arens, Richard, and James Dugundji. 1951. Topologies for function spaces. *Pacific Journal of Mathematics* 1 (1): 5–31.

Brown, Ronald. 1964. Function spaces and product topologies. *The Quarterly Journal of Mathematics* 15 (1): 238–250.

Brown, Ronald. 2006. *Topology and groupoids*, 3rd ed. BookSurge.

Cartan, Henri. 1937a. Filtres et ultrafiltres. *Comptes rendus de l'Académie des Sciences* 205: 777–779.

Cartan, Henri. 1937b. Théorie des filtres. *Comptes rendus de l'Académie des Sciences* 205: 595–598.

Chernoff, Paul R. 1992. A simple proof of Tychonoff's theorem via nets. *American Mathematical Monthly* 99 (10): 932–934.

Day, B. J., and G. M. Kelly. 1970. On topological quotient maps preserved by pullbacks or products. *Mathematical Proceedings of the Cambridge Philosophical Society* 67 (3): 553–558. doi:10.1017/S0305004100045850.

Dyson, Freeman. 2009. Birds and frogs. *Notices of the American Mathematical Society* 56: 212–223.

Eilenberg, Samuel. 1949. On the problems of topology. *Annals of Mathematics* 50 (2): 247–260.

Eilenberg, Samuel, and Saunders MacLane. 1945. Relations between homology and homotopy groups of spaces. *Annals of Mathematics* 46 (3): 480–509.

Escardó, Martín, and Reinhold Heckmann. 2002. Topologies on spaces of continuous functions. *Topology Proceedings* 26: 545–564.

Fox, Ralph H. 1945. On topologies for function spaces. *Bulletin of the American Mathematical Society* 51 (6): 429–432.

Freitas, Jorge Milhazes. 2007. An interview with F. William Lawvere - part one. *CIM Bulletin* (*December*). http://www.cim.pt/docs/82/pdf.

Freyd, Peter. 1969. Several new concepts: Lucid and concordant functors, pre-limits, pre-completeness, the continuous and concordant completions of categories. In *Category*

Theory, Homology Theory and Their Applications III, ed. P. J. Hilton, 196–241. Springer.

Golomb, Solomon W. 1959. A connected topology for the integers. *The American Mathematical Monthly* 66 (8): 663–665.

Grothendieck, Alexander. 1997. Sketch of a programme (translation into English). In *Geometric Galois Actions, Vol. 1: Around Grothendieck's Esquisse d'un Programme*, eds. L. Schneps and P. Lochak. London Mathematical Society Lecture Notes No. 242: 243–283.

Hatcher, Allen. 2002. *Algebraic topology*. Cambridge University Press.

Hausdorff, Felix, and John R. Aumann. 1914. *Grundzüge der mengenlehre*. Veit.

Isbell, John R. 1975. Function spaces and adjoints. *Mathematica Scandinavica* 36 (2): 317–339. http://www.jstor.org/stable/24491137.

Jackson, Allyn. 1999. Interview with Henri Cartan. *Notices of the American Mathematical Society* 46 (7): 782–788.

Kadets, Mikhail Iosifovich. 1967. Proof of the topological equivalence of all separable infinite-dimensional banach spaces. *Functional Analysis and Its Applications* 1 (1): 53–62. http://dx.doi.org/10.1007/BF01075865.

Kelley, John. 1950. The Tychonoff product theorem implies the axiom of choice. *Fundamenta Mathematicae* 37 (1): 75–76.

Kelley, John. 1955. *General topology*. Van Nostrand.

Leinster, Tom. 2013. Codensity and the ultrafilter monad. *Theory and Applications of Category Theory* 28 (13): 332–370.

Lewis, Lemoine Gaunce. 1978. The stable category and generalized Thom spectra. PhD diss., University of Chicago..

Lipschutz, Seymour. 1965. *Schaum's outline of theory and problems of general topology*. McGraw-Hill.

Mac Lane, Saunders. 2013. *Categories for the working mathematician*. Vol. 5 of *Graduate Texts in Mathematics*. Springer. (S. マックレーン 著，三好 博之・高木 理 訳，『圏論の基礎』，丸善出版，2012.)

Manes, E. 1969. A triple theoretic construction of compact algebras. *Seminar on Triples and Categorical Homology Theory* 80: 73–94.

Massey, William S. 1991. *A basic course in algebraic topology*. Springer.

May, J. P. 1999. *A concise course in algebraic topology*. University of Chicago Press.

May, J. P. 2000. An outline summary of basic point set topology. Miscellaneous math notes, J. P. May (website), University of Chicago. http://www.math.uchicago.edu/~may/MISC/Topology.pdf.

McCord, M. C. 1969. Classifying spaces and infinite symmetric products. *Transactions of the American Mathematical Society* 146: 273–298.

Mercer, Idris David. 2009. On Furstenberg's proof of the infinitude of primes. *The American Mathematical Monthly* 116 (4): 355–356.

Moore, Eliakim Hastings. 1915. Definition of limit in general integral analysis. *Proceedings of the National Academy of Sciences* 1 (12): 628–632.

Moore, Eliakim Hastings, and Herman Lyle Smith. 1922. A general theory of limits. *American Journal of Mathematics* 44 (2): 102–121.

Munkres, James R. 2000. *Topology*. Prentice Hall.

Nandakumar, R., and N. Ramana Rao. 2012. Fair partitions of polygons: An elementary introduction. *Proceedings–Mathematical Sciences* 122 (3): 459–467.

Render, Hermann. 1993. Nonstandard topology on function spaces with applications to hyperspaces. *Transactions of the American Mathematical Society* 336 (1): 101–119.

Riehl, E. 2014. *Categorical homotopy theory*. Cambridge University Press.

Riehl, E. 2016. *Category theory in context*, 1st ed. Dover.

Rotman, Joseph J. 1998. *An introduction to algebraic topology*. Springer.

Schechter, Eric. 1996. *Handbook of analysis and its foundations*, 1st ed. Academic Press.

Shimrat, M. 1956. Decomposition spaces and separation properties. *The Quarterly Journal of Mathematics* 7 (1): 128–129.

Spivak, David I. 2014. *Category theory for the sciences*. MIT Press.（David I. Spivak 著，川辺 治之 訳，『みんなの圏論』，共立出版，2021.）

Stacey, Andrew, David Corfield, David Roberts, Mike Shulman, Toby Bartels, Todd Trimble, and Urs Schreiber. 2019. nLab (wiki-lab). https://ncatlab.org.

Steen, Lynn Arthur, and J. Arthur Seebach. 1995. *Counterexamples in topology*. Dover.

Steenrod, Norman E. 1967. A convenient category of topological spaces. *Michigan Mathematical Journal* 14 (2): 133–152.

Strickland, Neil P. 2009. *The category of CGWH spaces*. Preprint, University of Sheffield. https://neil-strickland.staff.shef.ac.uk/courses/homotopy/cgwh.pdf.

Strøm, A. 1972. The homotopy category is a homotopy category. *Archiv der Mathematik* 23 (1): 435–441.

tom Dieck, Tammo. 2008. *Algebraic topology*. European Mathematical Society.

Wikipedia. 2019. Word problem for groups. Updated November 6, 2019. https://en.wikipedia.org/wiki/Word_problem_for_groups.

Wilansky, Albert. 1967. Between T_1 and T_2. *The American Mathematical Monthly* 74 (3): 261–266.

Willard, Stephen. 1970. *General topology*. Courier Corporation.

Wittgenstein, Ludwig. 1922. *Tractatus Logico-Philosophicus*. Routledge and Kegan Paul.（ウィトゲンシュタイン 著，野矢 茂樹 訳，『論理哲学論考』，岩波書店，2003.）

Ziegler, Gunter M. 2015. Cannons at sparrows. *Newsletter of the European Mathematical Society* 1 (95): 25–31.

索　引

訳者略歴

小森洋平（こもり・ようへい）
1994 年　京都大学大学院理学研究科数理解析専攻修了
2012 年　早稲田大学教育学部数学科教授
　　　　現在に至る
　　　　博士（理学）

専門：双曲幾何，タイヒミュラー空間
著書：集合と位相（日本評論社）
訳書：ヴィジュアル複素解析（共訳，培風館）
　　　　インドラの真珠（日本評論社）

圏論によるトポロジー

2023 年 6 月 8 日　第 1 版第 1 刷発行
2024 年 8 月30 日　第 1 版第 2 刷発行

訳者　　　　小森洋平

編集担当　　上村紗帆(森北出版)
編集責任　　富井 晃・福島崇史(森北出版)
組版　　　　プレイン
印刷　　　　エーヴィスシステムズ
製本　　　　協栄製本

発行者　　　森北博巳
発行所　　　森北出版株式会社
　　　　　　〒102-0071　東京都千代田区富士見 1-4-11
　　　　　　03-3265-8342（営業・宣伝マネジメント部）
　　　　　　https://www.morikita.co.jp/

Printed in Japan
ISBN 978-4-627-06311-2

MEMO

MEMO

MEMO

MEMO